THE BRICK AND STONE ART OF CHINESE ANCIENT ARCHITECTURE

中国古建筑砖石艺术

楼庆西著
Lou Qingxi

中国建筑工业出版社
CHINA ARCHITECTURE & BUILDING PRESS

本书是一部专门介绍中国古代建筑砖石装饰的专著，论述了砖装饰的产生及形态、建筑上的石装饰、砖石装饰的内容、砖石装饰的表现手法等，并结合实例，详细介绍了中国古代建筑中的砖门头与门脸、墙上砖装饰、砖塔、门枕石、基座、栏杆、台阶、石柱础、石碑、石塔及石牌楼等。

As a monograph, this book specializes in brick and stone decoration in ancient Chinese architecture, addressing it to the origin, the configuration, the content as well as the techniques of the expressions of the brick and stone decoration. With plenty examples, the monograph provides us with a detailed and profound presentation of the lintel of door and the frontispiece, on-wall brick decoration, brick tower, stone pier, basement, baluster, sidestep, stone column plinth, stele, stone tower and decorated archway in ancient China.

目 录

前言

概论

砖装饰的产生及形态 ———————————————— 14

建筑上的石装饰 ———————————————————— 25

砖石装饰的内容 ———————————————————— 37

  动物形象 ———————————————————— 39
  植物形象 ———————————————————— 44
  博古器物形象 ———————————————————— 48
  人物及其他纹样 ———————————————————— 50

砖石装饰的表现手法 ———————————————————— 52

  装饰画面的组织 ———————————————————— 52
  装饰形象的处理 ———————————————————— 53
  装饰加工的技法 ———————————————————— 57

分论

砖门头与门脸 ———————————————————— 64

  门头的产生 ———————————————————— 64

门头的形式 ———————————————————— 65
　　苏州砖门头 ——————————————————— 66
　　徽州砖门头 ——————————————————— 78
　　门脸 —————————————————————— 87
　　门头门脸的装饰内容 ————————————————— 96

墙上砖装饰 ———————————————————————— 114

　　墀头 —————————————————————— 115
　　廊心墙 ————————————————————— 124
　　墙上窗 ————————————————————— 128
　　墙上通气孔 ——————————————————— 134
　　墙上砖雕 ———————————————————— 136
　　栏杆墙 ————————————————————— 142
　　影壁 —————————————————————— 146
　　砖石墙体 ———————————————————— 165

砖塔 —————————————————————————— 168

　　砖塔的形式 ——————————————————— 168
　　砖塔造型及装饰 ————————————————— 169

门枕石 ————————————————————————— 182

　　门枕石的造型与装饰 ———————————————— 182
　　门枕石实例 ——————————————————— 185

| 基座、栏杆、台阶 | 200 |

基座	200
栏杆	210
台阶	228

| 石柱础 | 236 |

| 柱础的形式 | 240 |
| 柱础的装饰 | 243 |

| 石碑 | 260 |

| 石碑的造型 | 262 |
| 石碑的装饰 | 263 |

| 石塔 | 274 |

| 石牌楼 | 296 |

图片索引

后记

CONTENT

Preface
Conspectus

Origin and configuration of brick decoration —— 14

Stone decoration in architecture —— 25

Content of brick and stone decoration —— 37

    Animal Image —— 39
    Plant Image —— 44
    Curio Image —— 48
    Figure and Other Image —— 50

Techniques of the expressions —— 52

    Framework of the picture —— 52
    Disposal of figures —— 53
    Techniques in processing —— 57

Category

Lintel and frontispiece —— 62

Origin of the lintel —— 64

Format of the lintel ---------- 65
　　Suzhou brick lintel ---------- 66
　　Huizhou brick lintel ---------- 78
　　Frontispiece ---------- 87
　　Content of the decoration ---------- 96

On-wall brick decoration ---------- 114

　　Chi-tou ---------- 115
　　Corridor-wall ---------- 124
　　On-wall window ---------- 128
　　On-wall vent-hole ---------- 134
　　On-wall brick-carving ---------- 136
　　Baluster-wall ---------- 142
　　Screen-wall ---------- 146
　　Brick-wall ---------- 165

Brick towers ---------- 168

　　Format ---------- 168
　　Sculpt and decoration ---------- 169

Stone Piers ---------- 182

　　Sculpt and decoration ---------- 182
　　Examples ---------- 185

Basement, Baluster and Sidestep ---------- 200

Basement 200
Baluster 210
Sidestep 228

Stone Column Plinth 236

Format of the plinth 240
Decoration of the plinth 243

Stele 260

Sculpt of stele 263
Decoration of stele 274

Stone Tower 274

Stone Decorated Archway 296

Picture Index
Postscript

前言

建筑上的装饰，最初都是对建筑上的某一构件进行美的加工而产生的。

西方古代建筑多以石结构为主要构架方式，石头柱子和石头梁枋构成了房屋的框架。埃及古神庙，那些排列如密林般的，高达二十米的石柱子本身就足以产生强烈的威慑力和引起人们的崇拜感，但工匠们还对柱子进行了美的加工，把柱头做成植物枝叶和花瓣形，柱身上有时还刻出人物的形象。这种对柱头和柱身的加工到古希腊时期则更加普遍，技艺也更为成熟，并且经过长期的积累与发展，逐渐形成了几种不同形式的相对有固定式样的柱式，从而成为古希腊石柱子的一种程式化的装饰。在中世纪的欧洲，由于教堂空间的扩大，教堂屋顶由石造的十字拱、骨架券、飞券代替了原来木料制造的梁架，外檐的立柱取消了，教堂四周由石券脚和大面积的窗代替了石墙。于是，工匠们在教堂大门两旁的券脚石上雕出圣徒像，在大片窗户上用彩色玻璃拼出绚丽的花饰，从而成为中世纪高直教堂极富特色的一种装饰。

中国古代建筑和西方古代建筑不同，它是以木结构为构架形式，木头柱子、木头梁枋构筑了房屋的框架，工匠在建造房屋的过程中对这些木结构的各种构件也进行了或多或少的美的加工。木柱子上下两头略细，中段略粗，形如织布的梭子而成为梭柱；梁的左右两肩向下弯曲，梁底的中央部分向上拱起形如弯月而称为月梁；梁与柱相交，伸出柱子的梁头被加工成几何形、花叶形和动物的头形。但是中国建筑除木结构之外也有用砖、石材料的地方。房屋的墙体，建筑院落的围墙是用砖砌的；房屋室内和院落的地面有的是用砖铺的；建筑大门上的门头、门脸是用砖筑的；大门内外的影壁也有不少是砖做的；还有专门砖造的佛塔和地下墓室。用石料的地方也不少。石头的基座和台阶；石柱础、石栏杆和铺石的地面；全部用石料筑造的佛塔和陵墓；还有石牌坊、石狮子、华表、石碑等小品建筑。在这些砖与石造的各种构件上，工匠们也多进行了美的加工，应用不同的雕琢手法，使这些构件具有美的形式，从而成了建筑上的装饰。

在世界建筑的发展历史中，中国古代建筑具有自身鲜明的特征，这些特征主要表现在木构架的结构体系、建筑的群体性布局和丰富的艺术形象等几个方面。在中国辽阔的大地上各地区的建筑可以说都保持着这几个主要的共同特征，但是由于各地区、各民族所处自然环境的不同和生活习俗、文化等方面的差异，因而在建筑形象上也表现出各自不同的风格，至于建筑上的装饰因为更会受到各地民间文化与艺术的影响，这种差异往往会表现得更为明显，从而使中国建筑装饰极其丰富多彩，这其中当然也包括砖与石的装饰。

《中国古建筑砖石艺术》是一部专门介绍砖石装饰艺术的专著，在论述上自然应该全面介绍砖石装饰的方方面面，包括砖石装饰的产生与发展，砖石装饰所在部位及其形态，砖石装饰的文化内涵，以及它们的多种不同风格特征等等。但是由于篇幅的限制，在图片的展示上不可能很全，只能挑选砖石装饰中常见的，具有代表性的，而且至今仍保存得比较完整的部分加以分类编排和论述。对于同行来说，我们这样做，只能是抛砖引玉，希望能引出对砖石装饰更全面、更深入的研究，引出更高水平的研究成果。对广大读者来说，则希望能通过这样的介绍与展示，使大家认识古代建筑装饰的灿烂与辉煌，认识我们民族建筑文化的博大与精深。

PREFACE

Decoration in architecture originates from the processing and refinement work on a certain part of the construction.

Stone-structure constitutes the majority of western constructions, whose frameworks are mainly composed of stone columns and stone girders. Inside the ancient Egyptian hierons, there is a forest of stone columns which are all above twenty meters. Besides the building, those huge columns themselves arouse great passion and adoration of the public. Architects work on those columns by the name of aesthetics, carving the stone into the leaves of plants and flowers, or even the alive figures. The processing becomes common and mature in ancient Greek time; moreover, certain styles of columns come into being after a long time development and amelioration which thus makes the column decoration a must in ancient Greek architecture. In the middle ages of Europe, stone cross-arch, framework arch and flying arch took the place of the original wooden girders because of the spatial expansion of the churches. Supporting columns were dismantled and stone walls was substituted by stone arched bases and wide windows. Smart architects carve saints on the arched bases by the two sides of the churches and patched up splendid flower decoration by colorful glass on the windows, which became a symbolic decoration in towering churches in Middle Ages.

Ancient Chinese architecture differs a lot from the western' since it is mainly composed by wooden structure, including the wooden columns and wooden girders. Chinese architects also handle the wood with great imagination by aesthetic processing on them. Some wooden columns are made to be thinner at two sides and stronger in the middle which looks like a shuttle very much; girder is produced curving at two sides and arched in the central part which resemble the moon and thus is named the Moon Girder; girder intersects with the column and the top girder beyond the column is carved into geometric figures, flowers or heads of animals. Besides the dominant wooden structure, brick and stone are also used in Chinese architecture. Brick is widely used such as the brick wall of building or the brick bounding wall of a courtyard, brick floor inside the room or the yard, brick lintel and frontispiece, brick screen wall in and out of the front gate, as well as tailor-made brick stupa and catacombs. Stone is likewise common in construction which includes stone base and sidesteps, stone column base and floor, stone stupa and tomb, as well as some cabinet erections such as the stone torii, stone lion, carved ornamental column and stone stele. All these brick and stone constructions are endowed with aesthetic value and become artistic decorations in architecture by architects' swift hands and ingenious techniques.

In the development of international architecture, ancient Chinese architecture distinguishes itself from the others by its characteristics in the following aspects which are particular wooden structure, monolithic arrangement of the architecture and splendid artistic images. Almost all constructions throughout China remain those characteristics; however, techniques of impression differ from region to region, from nation to nation since the natural environment, custom and culture vary a lot across different areas. Differentia in decoration is magnified on the condition that distinct cultures and artistic styles have greater impact on it. On the other hand, the differentia enriches the styles of Chinese decoration including the brick and stone decoration.

Art on Brick and Stone in Chinese Ancient Architecture, as a monograph in brick and stone decoration, is supposed to give a comprehensive introduction of all sides, including the origin and development, position and configuration, cultural connotation and various styles of the brick and stone decoration. Nevertheless, many finer decoration examples have to be condensed and only those representational, the commonest and the best-kept are listed and discussed in the monograph. This book aims to provide the professionals with an opening word and thus elicit more synthetical and specialized research in brick and stone decoration. As for the public, it tries to present a splendid and brilliant history of ancient architectural decoration and make the profound national architectural culture understood and realized by the populace.

砖装饰的产生及形态

北京周口店发现的"北京人"是距今几十万年以前的原始人类，当时他们居住的场所还只是天然的山洞。历史发展到新石器时代，生产工具有了很大的进步，人类开始有了自己建造的住房，这就是挖在地下的穴居和用树枝树叶搭的巢居。随着生产力的继续发展，这些地下的、树上的住所都逐渐转到了地面。陕西西安市东郊的半坡村遗址留下了这个时期的房屋，方形和圆形的平面，用木料做柱子和屋顶的骨架，用泥土和一些草相混合抹在墙体和屋顶上。这些房屋距今已有六千多年的历史了，当时木料、泥土、树枝、草叶已经成为建造房屋的材料，砖和瓦都还没有出现。但是在全国各地出土的大量陶碗、陶罐及其他陶制品可以说明就在这一时期，不但生产了陶器，并且已经成为人们日常的生活用具。陶器是用泥土制作，经过火烧而产生的一种新型材料，它不但比泥土坚实，而且还具有防水性能。陶的产生及应用实际上为砖、瓦的出现准备了条件。

根据至今已经发现的实物证明，至迟到西周[公元前11世纪至公元前771年]房屋上已经有了瓦的应用，已经有板瓦、筒瓦与脊瓦几种形式的瓦用在屋顶上。陶制的瓦覆盖在屋顶的泥土上，大大地增加了房屋的防水能力。砖的出现比瓦要晚一些，留存到现在的实物说明，战国时期已经出现了砖，砖用在墙体和铺设地面，增强了墙体与地面的坚固程度。秦汉时期，砖大量地用在地下墓室的建造上，一块大型的空心砖，宽约0.5米，长达1.5米，直接用作墓室的墙壁与墓顶。也有的用小型砖以发券的形式作墓室，加大了墓室的面积。这时陶瓦的制作水平更加提高，除屋顶瓦的坚实度加强以外，还制作出了口径比较大的排水管道。砖瓦已经成了房屋不可缺少的建筑材料。

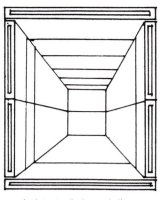
河南洛阳汉代空心砖墓

四川汉代弧形小砖券墓

东周瓦当

在大量出土的新石器时代后期的陶器上，我们可以看到许多装饰性花纹，几何形的、植物花卉形的以及鱼、蛙等动物形的，这些装饰不但有形而且有色，红的、白的、棕色的。这说明，人类在制作这些器物时，不但使它们具有实用的功能，而且还进行了美的加工，使这些器具同时具有了美的形式。同时还说明，这些器物上的动物、植物以及由这些动、植物所抽象而产生的各种几何纹样，都是当时人类所接触、所认识的客观事物。同样用天然泥土制作的砖瓦也与陶器一样，当工匠在制作这些砖瓦时，在赋予它们实用的功能之外，同时也赋予它们以美的形式。这个时期的中国社会逐步走上了全国统一的封建王朝，生产工具由石器转入了铁器，铁工具的广泛使用，在房屋的建造上不但大大提高了对木料、石料的加工能力，而且还为在建筑构件上进行装饰性的加工创造了条件，于是在砖瓦的构件上开始出现了装饰性的雕刻。

屋顶上的瓦从西周到战国时期，已经被广泛和大量地使用。瓦当是指处在最前列覆瓦的瓦头，它们排列在屋顶的檐部成为装饰加工的重点部位。从春秋时期留存下来的瓦当上可以看到植物枝叶和几

秦植物纹瓦当

何形的纹样。到了秦汉时期，瓦当上的纹样更加多样了，有动物、植物、文字以及绳纹、云气等纹样，其中又以动物和文字纹最多。常见的动物纹样有饕餮、马、鹿、雁、鹤，而用龙、凤、虎、龟四神兽作装饰的瓦当最为珍贵，传说是当时帝王宫殿等重要建筑上的专用瓦。文字瓦当中又分作名称类，即宫署、陵墓名称如"甘林"、"建章"等；纪念类，即纪年、纪事如"汉并天下"、"单于和亲"等；吉语类，如"延年益寿"、"与天久长"等。无论是哪种瓦当，都讲究纹饰的构图，从龙、虎等神兽到一般的鹿、鹤，它们的形态在小小的瓦当上都表现得既简练又各具神韵；文字瓦当中，从最少的单个字到多达12个字，都十分注意字形笔划的设计，线条的曲直和疏密有度。正因为如此，这种在建筑上并不占重要部位的瓦当被后代的文人所注意，把表现在瓦当上的装饰称为"瓦当艺术"，成为我国早期建筑艺术中很重要的一个部分。

魏晋南北朝以后，佛教在我国盛行，所以至唐、宋时期，建筑尤其是佛教建筑上的瓦当多以莲花装饰为主，同时兽纹瓦当也比较流行，直到明、清时期的宫殿建筑，瓦当上一律用象征皇帝的龙纹作装饰。值得注意的是秦、汉以后的瓦当在装饰内容上都不如以前那么多样了，在瓦当装饰纹样的设计和制作上也不如前期那么精致了，这种独特的"瓦当艺术"到秦、汉时期达到高峰，以后就逐渐衰退下去。

龙、凤、虎、龟四神兽瓦当

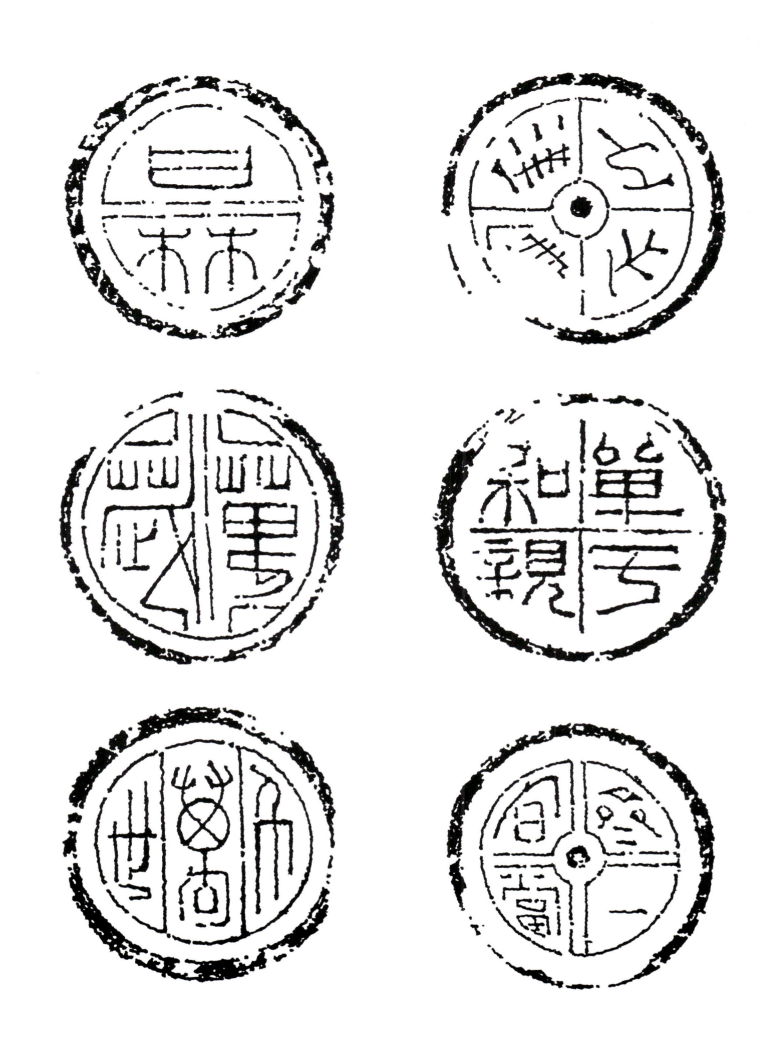

汉代文字瓦当

砖的出现比瓦要迟一些，到秦、汉时期，砖已经比较普遍地用作地下墓室的筑造，直到两晋南北朝，砖才比较大量地用在地面建筑上。建于北魏正光四年[523年]的河南登封县嵩岳寺塔就是全部用砖筑造的。砖也与瓦一样，在砖的构件上也有的进行了美的加工，这种加工在早期的建筑上，集中表现在汉朝的地下砖筑墓室上。作为墓室墙体与墓顶的大型空心砖，在它们的表面多进行了雕刻的装饰，这些装饰既有单体的人物、动物、植物，也有由这些人物、动植物所组成的画面与场景，因此将这种砖称为"画像砖"。经考古学家的发掘，现在已经有大量的汉代画像砖展示在世人面前，使我们能够欣赏到远在两千年前刻划在这些砖面上的众多艺术形象。这里有地上的虎、豹、马、犬，天上的朱雀、鹰、雁和其他瑞兽。这些动物尽管都是由单线刻划，但是它们的形象却表现得十分生动与传神。那一匹匹的骏马，有的昂首挺肚站立待命，有的前腿勾起作跃跃欲奔状，有的四蹄腾空，驰骋向前，有的张嘴长鸣，露出一副嘶马奔腾之势。再看那虎与豹，猛虎一面奔跃往前，一面收蹄回首，增添了虎的动态；金钱花豹，前蹄腾空，整个身子作跃起状，张嘴瞪眼，一副逼人凶相。天上的雄鹰展翅翱翔；朱雀有的在端步向前，有的拖着长长的尾巴张嘴挺胸，载歌载舞。在汉代，狩猎已经不是谋生的主要手段了，而成为达官贵族、富有人家的一种游乐，在画像砖上也有表现打猎骑士的形象。骑士骑在奔驰的马上，回身张弓放箭；也有站在地上的猎人，双腿跪地，两手拉弓，姿态十分优美。

画像砖上骏马

画像砖上骏马

画像砖上骏马

画像砖上虎

画像砖上豹

汉画像砖

墓砖上雕刻的内容并不局限于反映墓主人的个人生活和各种动、植物的形象，有不少还表现了那个时代的社会生活场面。这里有工农业生产的场景，在墓砖上一幅盐场的画面里，有堆积如山的盐，有捣盐、背盐的盐工，有高高的木棚架，架顶的木梁上好像还安有滑轮，轮上绕着起落的缆绳。还有一幅是描绘牧民射鸟打渔的场景，天上有飞鸟，水中有鱼和水禽浮游于莲荷上下，岸上两位牧民在张弓射鸟，身边架子上有捕鱼的鱼鹰还在歇息待命，这些人物、飞禽布满画面，表现出一幅热闹的生产场面。在另外一些墓砖上，还可以看到农民在田间拾芋、在播种、在收割农作物，而且还有手提圆篮，给地里送水送饭的农夫。除了生产场面外，在墓砖上也可以见到娱乐的场景，这里有击鼓起舞者，有曳长袖而舞者，有操琴演奏者，也有坐着一面宴饮，一面观舞的达官贵人。还有专门表现双人对刺、斗鸡的画面。墓砖上的人物刻划得都很生动，起舞时，不仅人的身段，连衣着服饰也充满了动态。那些在田间收割农作物的农夫，他们排列成行，手中挥舞着

画像砖上盐场

画像砖上牧民

画像砖上收割图

镰刀，他们是在劳动，但同时又仿佛是在舞蹈，动作齐整，情感充沛。这些生动的形象与极富情趣的场景告诉我们，当时的艺匠们如果对生活没有细致的观察与感受，如果没有对形象塑造的高超本领，那是绝不会创造出这些作品的。古代的艺匠能够在小小的瓦当上将普通的文字和动、植物变成为极富艺术光彩的画面从而创造了"瓦当艺术"，那么，这些更为丰富多彩的画像砖，我们也理应称之为"画像砖艺术"，它和"瓦当艺术"一样构成了我国早期建筑艺术重要的一个部分，形成了建筑上砖瓦装饰的第一个高峰时期。

画像砖上鼓舞

画像砖上对刺

画像砖上斗鸡

画像砖上乐舞

画像砖上农夫劳动

画像砖上乐舞

中国两千年的封建社会，一个又一个封建王朝的更替，自秦、汉之后，除了封建割据，战乱不断的两晋南北朝、五代十国等时期之外，在国家得到统一的唐、宋、元、明、清各代，只要政治稳定，经济得到发展，就必然带来建筑业的兴盛，正是由于房屋建筑的客观需要和生产技术的日益提高，砖瓦的用量越来越大，质量也逐步提高，在建筑各部位的应用也越来越广了。

中国古代建筑尽管采用的是木结构体系，但是它们的墙体为了能经受风雨的侵蚀和增加坚固性，也逐步用砖墙替代了土墙。元大都的四周城墙加起来共28100米，原来都是用土筑造的，到了明代，才把城墙的外皮包砌了一层砖。明永乐皇帝将国都由建康〔今南京〕迁至北京，在城中央兴建紫禁城。紫禁城占地72万平方米，建筑面积达16万平方米，用在城墙、房屋墙体和铺设地面的各种砖就达8000余万块。这些用作房屋墙上的砖，有的也进行了装饰。例如在房屋两端的山墙上，山墙前后两头的端面称为墀头，在墀头部分往往都有砖雕的装饰。山墙外面的上部如果采用硬山的屋顶形式，也多仿照木结构悬山屋顶的式样做出博风和悬鱼，实际上这些也成了山墙上的装饰。如果是完全用砖筑造的无梁殿房屋，那么在房屋的外檐，完全按照木结构的形式，用砖做出梁枋、斗栱、垂柱、椽子等形式，这些也都变成一种装饰构件了。

山墙墀头砖雕

无梁殿上砖装饰

安徽住宅砖门头

浙江祠堂牌楼式砖门脸

在各地城乡的住宅大门上都可以看到一种门头的装饰，它的作用是可以增添大门的气势，吸引人们的注意。这种门头装饰在许多地区都是用砖做的。在大门的上端，用砖贴在墙上，做出屋顶的式样，有梁枋、斗栱，屋顶上也有吻兽等装饰。有时这种门头更做出牌楼的形式，在这里，从牌楼的构造到构件上的雕刻都成了一种装饰。

佛塔传入中国后，由木结构的楼阁式塔发展到砖、石结构的塔，由于防水、防腐蚀和坚固性的要求，砖造的塔逐步在中国佛塔中占据了主要地位。唐代等早期的砖塔很注意整体造型的塑造，细部装饰还比较少，到了宋、辽、金时期，八角形的实心砖塔风行一时，在这种类型的塔身和基座上充满了各种雕饰，有佛像、菩萨像的，有动植物花纹的。塔的密檐部分也都是用砖做出斗栱、檐口和屋顶的各个部分，使整座塔变成为一座体形宏大的砖筑艺术品。

自秦、汉以后，地下墓室除历代帝王都用石料筑造他们的陵墓以外，大部分仍用砖建造，尤其到宋代，由于手工业、商业的发展，使城乡地主、富商积累了相当的财富，他们除了建造华丽的宅邸之外，也筑造了讲究的墓室。在已经发掘的宋、辽、金时期的一批地下墓中可以见到，这些墓室并不大，大者十余平方米，小者只有四、五平方米，但墓室内部充满了砖雕的装饰，四周墙上有雕花的格扇，墙下有须弥座，墙上部有垂花柱，顶上有华丽的藻井，有的还在墙上雕出墓主人的像，夫妻对饮，完全表现出了主人生前生活的场景。如果和汉代砖墓中的画像砖艺术相比，它们同样表现了一个时代的社会生活，但其表现形式一个是平面的，一个是立体的，是三维空间的；从雕刻的手法看，宋、辽、金墓中的雕刻虽然也很写实，也很细致，但在形象的塑造上不及画像砖那样简练与生动。

关于房屋墙体、大门门头、佛塔的砖瓦装饰将在后面的专门部分里作详细介绍，在这里就不展开论述了。

辽代砖塔上佛像雕饰

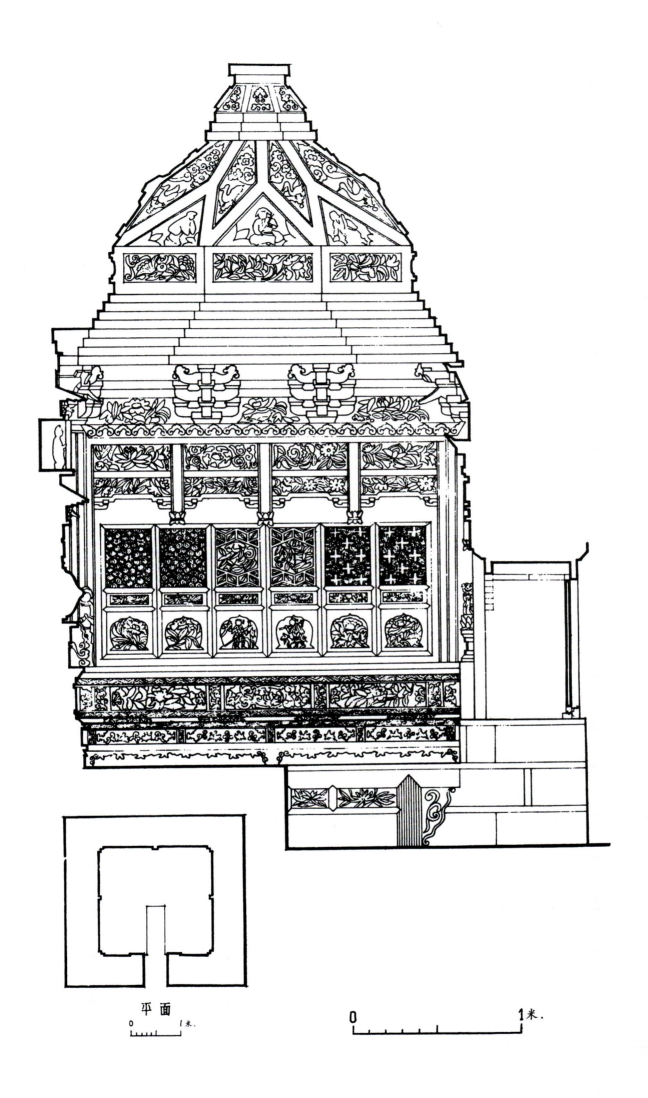

平面

山西侯马市董氏墓平、剖面图

建筑上的石装饰

人类接触石头很早，距今20万至70万年以前，居住在北京周口店的北京猿人就住在天然的山石洞里以避风寒和野兽的袭击，他们已经会使用石做的工具去获得赖以生存的生活资料。人类对石头进行美的加工也开始得很早，距今一万年的新石器时代的石刀、石斧已经被加工制造成曲线形的边，圆弧形的角，使这些原始的工具具有了美的造型。稍晚一些时期住在北京周口店山顶洞的北京人已经知道选用光滑的砾石做装饰品，有的还在这种砾石上涂抹色彩。

因为石料为天然材料，不像砖、瓦那样需要用泥土制坯经过进窑火烧才能制成，因而比较容易取得，同时石料又具有坚实、防火、防水的性能，所以石料用作房屋材料也很早。公元前16～前11世纪的商朝就有用天然卵石作宫室的柱础。公元前11世纪的西周时期已经有用石块垒成的石棚。到了秦汉时期，随着建筑量的加大，房屋上用石料也更多了，先后出现了石柱础、石台阶、陵墓前的石阙、石

四川雅安汉高颐阙图

霍去病墓前石雕　卧马

霍去病墓前石雕　伏虎

柱和墓道上的石象生以及石造的地下墓室。

对这些石构件的美的加工也在不断地进行着。天然卵石的柱础被加工成圆形以便于和上面的圆形木柱相衔接，并且还在矮矮的柱础上刻出线脚，雕出动、植物的形象。汉墓前的石阙完全仿照木结构阙门的形式，在石头阙身上雕出立柱、横枋、斗栱、屋顶，有的还附有人物花草的雕饰。陵墓前安放石制的象生到汉朝似成定制，但是至今留存下来的只有汉代名将霍去病墓前的石象生，雕刻手法极简练，形象深厚而生动，是留存下来的汉代石雕的精品。汉代贵族、官吏的地下墓室既有用砖造的，也有用石造的，也是用大型石板做墙体和墓室顶，在这些石板上也雕刻有各种人物与动植物的形象，也有表现那个时代社会生活的场景，所以被称为"画像石"，它们与"画像砖"一样，具有很高的历史与艺术价值。至于封建帝王的墓室，当然是由石料筑造的。据《史记》记载，秦始皇陵动用了70余万人来建造，"以水银为百川江河大海，机相灌输。上具天文，下具地理。"想必是很豪华的。从秦始皇陵到唐、宋几代的帝陵都没有发掘过，所以还不能看到当时墓室内石雕装饰的形象，考古学家只发掘了明代神宗皇帝的定陵和清代高宗乾隆皇帝的裕陵、清代慈禧皇后的定东陵，裕陵地下宫室面积达300余平方米，全部用石料筑造，在前后四道门的八扇石门上都刻有菩萨立像，在室内的石墙、石顶上也有佛像和佛教的八宝图案的浮雕，还有用梵、番[古印度文与藏文]两种文字刻出的经文三万余字，置身于地宫之中，仿佛进入一座豪华精致的佛

河北遵化清东陵
清高宗乾隆皇帝裕陵地宫石门上雕刻

殿，建筑上石雕的装饰作用发挥得淋漓尽致。

石料和木料相比，它具有不怕火、不怕水、坚固耐久的优点，它与砖相比，也具有抗腐蚀，更为坚实的优势；因此凡属处于露天的和需要特别坚固的建筑部件多用石料筑造，例如露天的台基、栏杆、台阶、地面、大门门扇的门墩石等等。除此之外，还有不少独立的也是处于室外的小型建筑，例如建筑群前面的牌坊、华表、日晷，大门外的石狮、上马台、石杆，以及在寺庙、祠堂里经常见到的石碑等等，这些建筑独立存在而不是建筑物上的一个部件，而且相对于一幢房屋，它们的体形都比较小，因此把它们称为"小品建筑"。

牌坊，也称牌楼，它是一种标志性的建筑，往往立于建筑物之前作为标志。也具有纪念、表彰性的功能，例如纪念某一件事或某一位人物。某人在朝廷当官，立了功；某人乐善好施，为地方做了好事；某位妇女年青丧夫，在家抚幼养老，克尽孝道，恪守贞节——凡此种种都会在当地建立专门的"功名牌坊"、

安徽黟县西递村石牌楼

"贞节牌坊"以资表彰，对百姓起到教化的作用。牌坊原为木造，但常年露天，经不起日晒雨淋，所以逐渐用石料代替，如今在各地留下来的古代牌坊中绝大多数都是石牌坊。石牌坊多数还是仿照原来木结构的形式，一排立柱，上面横架着梁枋，枋上有斗栱，承托着出檐的屋顶，屋顶上屋脊、正吻、走兽一应俱全。除此之外，在梁枋、立柱、基座等部分往往还附有雕刻装饰。在北京明十三陵和河北易县清西陵这些皇家建筑的石牌坊上，可以见到梁枋上多雕刻着木建筑上彩画的形式，只不过这里只有雕刻出的纹饰而没有色彩。在南方各地的石牌坊，除了整体造型具有南方木构建筑的特征，例如屋顶比较轻巧，屋顶的四个屋角翘得很高等等以外，在牌坊各部分的雕刻装饰上也比较活泼而多样化。山西五台山龙泉寺大门外有一座石牌坊，从整体到局部都仿照木结构的形式，四根立柱组成三开间，柱子立在下面的基座上，柱子之间架着梁枋，梁柱之间有挂落，梁上有斗栱支托着屋顶，三开间上三座屋顶都用歇山式，每条屋脊上都安着正吻和走兽，为了保持牌坊的稳定，在四根立柱的前后都斜撑着一根戗柱。在这座牌坊的立柱、戗柱、基座、梁枋、挂落、屋顶的每一部分几乎都布满了石雕，用各种动物和植物花卉进行装饰，在牌坊中央的名牌上书刻着"佛光普照""共渡彼岸"等，很显然，它要显示出佛国彼岸极乐世界的繁华，它号召着佛徒们共渡天国。人们沿着陡坡缓缓攀登，仰首翘望，这座竖立在高高台地上的牌坊，完全成了一座具有很强感染力的石雕艺术品。

华表也是一种标志性的小品建筑，立在重要的建筑群前面。北京天安门是明、清两朝北京皇城的大门，在天安门的前后两面都有一对石造的华表并列立在左右。华表呈八角柱形，柱身修长，有一条石雕巨龙盘绕着柱身，龙头向上，直冲苍天，龙身四周有云纹环绕。柱身

北京天安门华表

天安门华表顶部

北京明十三陵神路墓表

顶部有一圆盘，称为承露盘，盘上蹲立着一只名为"犼"的神兽背向天安门，面朝前方。柱身之下有须弥座相托。天安门的华表四周还用石栏杆相围，栏杆不高，四根栏杆柱头上各有一只小石头狮子，也是面向前方。这四面的栏杆既有保护华表的作用，同时也增添了华表石柱的稳重感。

与华表同样起标志作用的还有立于陵墓墓道前面的石柱，称为墓表。目前发现最早的是北京郊区东汉秦君墓的墓表，墓表略成圆状的方形，直径约50厘米，总高约2.5米。墓表下端为长方形基座，座上刻着两只虎环抱着石柱，柱身刻有凹槽纹，柱上端也有两只虎承托着一块矩形石板，板上刻着死者的姓氏和官职。这种墓表经南北朝直至宋、明、清各代的皇家陵墓中都在使用，只不过宋陵和明、清陵前的墓表已经不用柱顶那块石板了，墓表成了一座造型比较单纯的石头柱子。柱子顶端有一个简单的柱头，柱身上的雕饰也比较简单，柱下有须弥座承托，但是它仍旧立在墓道的前端，其他石人、石兽排列在它的后面，在这里，仍旧起着标志性的作用。

石头狮子是最常见于建筑大门前的雕刻品。狮子和老虎都是野兽，其性凶猛，所以都被称为"兽中之王"。但是老虎是中国土生土长的，而狮子却是进口的。传说在1900多年前的东汉时期，由安息国〔今伊朗〕国王作为礼品赠送给汉章帝，当时还只把狮子作为一种异兽放在笼子里喂养。佛教自汉代传入中国时，也带来了狮子，因为狮子在佛教中被尊为兽中王，传说佛初生时，有五百狮子自白雪中走来，侍立于门前迎接佛的诞生，所以这兽中之王也成了佛教中的护法狮。当然佛教中的狮子并非真狮，而只是被神化和艺术化了的狮子形象。也许正因为这种原因，狮子也成为了放在大门前的护门兽，一雌一雄，雌者足按幼狮，雄者脚下踩一绣球，一右一左，并列在大门两旁成为固定的形式了。在北京城里，从皇帝的紫禁城到王府，甚至于在普通百姓住的四合院大门前都有这种石头狮子，只不过四合院门前的狮子很小，只能趴在

立 面

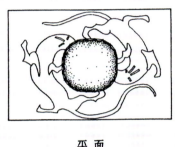

平 面

北京东汉秦君墓表图

山西农村住宅门前石狮

门墩石上作护门兽。在中国，狮子除了作护门兽之外，还成了节日期间民间艺术活动中的一分子，耍龙灯、跳狮子舞成为城乡各地重要的艺术活动，它给百姓带来吉祥与欢乐，当然狮子舞并非真狮子而是由人扮的狮子来舞蹈，这里的狮子已经失去了凶猛的形象而变得有几分憨厚、顽皮和滑稽了。

也许正是这些民间狮子的形象反过来影响到看门的狮子，于是这些原本凶狠的狮子也变得有点温驯和顽皮了。我们在各地民间石狮子的形象上可以清楚地看到这种现

北京四合院住宅门墩石上石狮子头

陕西咸阳唐代顺陵石狮

[上] 西藏琼结县藏王墓石狮
[下] 民间狮子舞

各地石狮子群像

叁拾肆

象。凶悍的、温驯的、憨直的、顽皮的、滑稽的，甚至面目可憎，显出无赖之相的众多形象组成了中华大地上丰富多彩的石狮子系列。

上马台，顾名思义就是供人上下马的石台。古时行人往来除步行外，交通工具有轿子、马车和骑马代步。轿子落在地面再上下，马车本身设有供乘客上下的踏步，只有骑马者上下马鞍需要高出地面的台阶，于是在较讲究人家的大门前专门设置了上马台。上马台外形简单，一块不大的矩形石，分作上下两步台阶。石匠制作时，在石座的几个侧面上加了一些雕刻花纹，看起来也显得美观。山东曲阜孔府大门前的上马台比一般人家的上马台更讲究，石的下部分做成须弥座，上面部分不仅在四个立面，而且在脚踩踏的平面上也都有石雕装饰，只不过立面上用高浮雕，雕出云纹与兽头，而平面上只用浅浮雕的花饰。上马台放在孔府门前，这块重量比较大的上马台为了便于移动，将它分作前后两块，一高一低，合在一起，既成为一座两层台阶的上马台，又像是一件独立的石雕艺术品。

山东曲阜孔府大门前上马台

砖石装饰的内容

研究中国古代建筑上的砖石装饰内容可以借助于古代器物上的装饰。彩陶出现得很早，如今已经有大量新石器时期的彩陶出土，在这些彩陶上都有各种装饰纹样，动物的、植物的、抽象几何形体的，而且还带有色彩，它们以多样的形态构成了反映中国早期艺术的"彩陶文化"。铜器最初也是日常生活用具，由于当时制作原料珍贵，工艺复杂，因此逐渐变成了礼器。铜器造型多样，器上也铸有丰富的装饰，发展到春秋战国时期达到了一个高峰，因而被称为"青铜文化"。

彩陶上的蛙、鱼、马等动物一方面是当时人类已经通过直接接触而认识了的形象，同时考古学家认为这些纹饰还代表着某一部分人类共同体的标志，可以说是氏族图腾或崇拜的标志。青铜器上的装饰纹样，除了有雷纹、夔纹等以外，最具有代表性的是饕餮纹，饕餮是一种兽面纹，是哪一种兽呢？考古学家、美术史家至今众说纷纭，是牛头、虎头、羊头都有点像，又不都像，或许是几种兽的

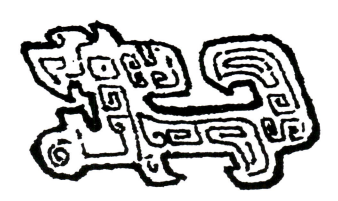

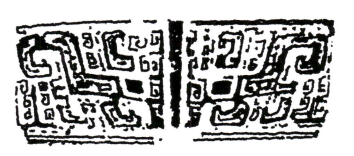

古代铜器等器物上的夔龙纹　　　　　　　古代铜器上的饕餮纹

综合体,总之它是现实客观世界并不存在的一种神兽,这种神兽代表着或者象征着什么?美学家李泽厚先生在他的《美的历程》著作中分析这种饕餮"它实际是原始祭祀礼仪的符号标记。这符号在幻想中含有巨大的原始力量,从而是神秘、恐怖、威吓的象征……它们呈现给你的感受是一种神秘的威力和狞厉的美。"无论是现实的鱼、蛙、鸟,还是人们创造的饕餮夔龙,它们作为一种装饰纹样出现在器物上,一方面说明它的出现离不开人们对客观世界的认识,另一方面也说明人们总要通过这些装饰纹样来表达一种意识,这种意识也必然会受到一个时代经济、政治、文化诸方面的影响,因而可以说是一个时代的社会意识。

陶器、铜器等器物上的装饰是如此,建筑上的装饰也是这样。建筑上的装饰除了它们本身有形式美之外,同时也通过它们的形象反映、表现出一定的社会意识。这种社会意识包括哪些内容呢?在中国长达两千年的封建社会中,可以说始终是以礼治国,对君主尽忠,对父母尽孝,对兄弟、朋友讲仁讲义,因此忠、孝、仁、义构成了最主要也是最重要的社会道德。至于对生活的追求与向往,从君主到百姓,总离不开福、禄、寿、喜,所以装饰所要表现的总离不开这些方面的内容。

建筑上的装饰虽然也是一种用形象表现内容的艺术,但它又有与一般绘画、雕刻艺术不同的特点。特点之一是建筑的装饰绝大多数都依附在某一种建筑构件之上,例如:梁枋、山墙、屋脊上的装饰;或者就是经过艺术加工了的构件本身,例如梁柱之间的雀替、梁托、梁与梁之间的柁墩、瓜柱、大门门墩石等等。这些构件上的装饰或者构件本身都不可能有很大的空间与面积,不论用绘画或者雕刻的形式都不能充分地去展开去表现,在这种情况下,只能采取象征和比拟的方法,也就是用少量富有特定内容的具体形象去表现出一定的内容,例如用龙、凤表达高贵与吉祥,用牡丹表现富丽等等。这种象征方法在一般中国绘画与雕刻中也经常应用,但是在建筑装饰里应用得更为普遍。

特点之二是建筑上的装饰往往会成片和成条状地出现,例如在栏杆上的栏板,格扇门窗的格心部分,面积都相对比较大;石碑的侧面,屋顶的正脊则都呈长条的带状。在这些部分的装饰如果用一种形象,那么这种形象将会重复地应用,为了制作和施工的方便,这些形象不论是某种动物、植物、器物往往都被图案化、规范化了。装饰中经常用的荷莲、牡丹花都脱离了自然的形态而被图案化了,动物中常用的蝙蝠也被规范化了,甚至文字中的寿字与喜字也被简化与图案化了,它们的形象被用在装饰中,久而久之,都变成为一种带有特定意义的符号,正因为如此,它们才得以经常地反复地出现在建筑各部位的装饰里。

综观在建筑上的砖、石装饰里,经常用的是哪些具有象征意义的形象呢?

雕龙装饰的栏杆柱头

动物形象

龙：关于龙的起源，考古学家也是众说纷纭，一说龙是由蛇加上多种动物形象而形成的远古图腾；二说龙的最初形态是古代的鳄鱼，后来吸取了别的动物形象而综合演变成龙；三说龙并非由某些生物被神化而成，而是天上的云及闪电这种自然现象被生物化而成为龙；四说龙的形体是由远古人类的某种观念而产生的；还有其他的主张和见解。由于龙的起源涉及古生物学、历史学、古代神话、原始宗教以及语言学等一系列学术问题，目前还很难找到一种具有权威性的定论，但是在诸家主张中有两点却是共同的：其一是我们今天所见到的龙形象，不论其来源于某种生物或自然现象或人的观念，但都已经不是某一种现实世界的生物了，龙已经成为一种图腾的表记，或者是古代人类的一种神话意象。其二，龙是中国古人崇敬的一种神物，是原始人类所不认识也无法驾驭的某些自然现象的化身。古人把洪水和干旱带来巨大灾害看成是神龙的发怒而惩罚世人；把突然袭击的巨大卷风称为"龙卷风"；龙具有超人的不可抗拒的力量，象征着神圣与威严。正因为如此，汉高祖刘邦才编造谎言，说他是母怀龙胎而生下的龙子，是天龙之子［见《史记》高

雕龙装饰的柱础

祖本纪第八],自此以后,封建帝王都称自己为天子。于是,皇帝穿的衣服上绣满龙纹,称为龙袍;皇帝坐的椅子雕满龙体,称为龙椅;皇帝所使用的器具上也装饰着龙纹;皇帝居住的宫殿更充满了龙的形象。走进紫禁城,从石阶基、石柱础、石栏杆的栏板和柱头到门窗、梁枋、天花藻井上都能见到各式各样的龙,真好像是步入了龙的世界。而且皇帝为了维持自己的尊严还明文规定除宫殿以外的建筑上均不得用龙作装饰。但是这种规定并不能得到遵行,在全国各地的城乡建筑上仍随处都可以发现龙的形象。这是因为在汉高祖宣布自己是龙子之前,龙早已成为中华民族的图腾标志了,每逢节日,到处都是舞龙的队伍,人们高举长龙,左右翻卷,表现出一派欢腾的场面。无论是百姓手中的长龙,还是在屋顶、檐下、梁架、碑石上的龙,它们在百姓的眼里都不是封建帝王的象征,而只代表着一种神圣的精神,一种超人类的力量。

狮子:前面已经介绍过,狮子以其凶猛而成为大门前的护卫之兽,而这种护卫的作用发展到不仅用在建筑的大门前而且还用在其他的部位。例如建筑台基的四个角,石头柱础、石头立竿的顶端,台基四周和桥两边栏杆的栏板及柱头,直到屋顶上都有狮子出现。综观这些位于建筑各个部位的狮子形象,它们并不都是凶猛之相,而有的变得温驯、顽皮甚至滑稽了。而且它们的象征意义也不只是凶猛、威慑,而被引申为其他的含义了。一对狮子跳跃着耍绣球,除了表现欢乐、吉祥之外,还有"狮子耍绣球,好事在后头"的寓意;狮的谐音为"事",狮子口衔如意带,则有"事事如意"的寓意;等等。

狮子柱头

狮子柱础

麒麟:也是常见于石牌楼、砖门楼上的动物形象。据《索隐》中记:"其状麋身、牛尾、狼蹄、一角。"当是一种神兽,如今在紫禁城、颐和园中所见铜制的麒麟像上,除头上有一长角外,其头其身及脚爪都像龙形,不过仍是一种四足兽。麒麟与龙、虎、朱雀、龟合称为五灵兽,因此具有神圣与吉祥之意,常摆置在重要宫室建筑之前。

石栏杆栏板上的麒麟和如意雕饰

鱼：远在数千年之前的陶器上就开始有鱼的形象，从此之后，鱼一直出现在各种装饰纹样里。如果说在陶器上的鱼纹带有远古人类图腾标记的意义，那么后来的鱼形纹样所象征的内容更加丰富了。鱼的生育靠产仔卵生，繁殖力很强，因此，象征着多子多孙，这在十分重视家族衍生的中国古代具有重要的象征性。鱼与龙同为水生动物，但龙为神物，鱼只是凡物，传说鱼经过长期修炼，待功夫深了，跳过一道龙门即可升天而成为神龙，这就是"鲤鱼跳龙门"的神话故事，这当然意味着人只要经过苦苦修炼即可跃入仕途，升官发财，所以在建筑上就出现了鱼跃龙门的装饰画面。鱼的谐音为"余"，

圆窗上鲤鱼跳龙门的砖雕

多余和少欠相对，对于财富、福事、喜事自然是多多益善，于是房屋的天花板和梁枋上画着、刻着百鱼争流的场面，栏板上，墙壁上出现了荷叶下面鱼游动的雕刻，象征着"赫赫［荷荷］有余［鱼］"。

龟：龟是一种水生动物，龟背腹皆有硬甲，当遇到外力袭击，龟头和四肢都能缩入甲内保护自己。龟甲古时作占卜之用，即以火灼龟甲，视甲上裂纹以测吉凶。将占卜内容记于甲上，即称甲骨文，为古代重要记事文字。龟寿命长，所以很早就与龙、凤、虎合称四神兽。

赑屃常用作石碑之座，有时也独立置放在重要宫殿之前以象征江山永固。赑屃龟背龙头，善负重，为龙王九子之一。六角形的龟背纹常用作砖、石雕刻装饰中的底纹，成片的龟背纹既有规则之美，又具有长寿、安固的象征意义。

蝙蝠：是一种哺乳类动物，它的身体形状有点像老鼠，但两肢与身体间有膜相连，展开如翅，能在空中飞翔。蝙蝠怕光亮，只在夜间出来活动。白天躲在暗处，常栖身于房屋天花板上，长年累月，屋顶梁架上往往积存许多蝙蝠粪便。但恰恰是这种颜色灰暗、其貌又不扬，而且对建筑有祸害的小动物却变成了建筑装饰中常见的形象，这原因主要归功于它的名字。蝙蝠谐音为"遍福"，遍处皆福是百姓最大的意愿。每逢春节，家家户户门上倒贴福字意味着福到家门，这蝙蝠就这样成为装饰的常用题材。砖、石的门楼上、门窗花格上经常能见到展翅的蝙蝠，还有蝙蝠嘴叼着寿桃，象征福寿双喜；叼着如意，象征福福如意；还有五只蝙蝠围着一个寿字，寓意"五福捧寿"。

石栏杆栏板上的蝙蝠

[上] 门头上狮子耍绣球和鱼纹砖雕
[下] 石碑下的赑屃座

植物形象

莲：其根为藕，果实为莲子，花称荷花，叶称荷叶，所以莲又称荷。明朝药学家李时珍在他的《本草纲目》著作中对莲作了很全面的介绍："莲，产于淤泥，而不为泥染；尽于水中，而不为水没。根、茎、花、实几品同，清净济用，群美兼得。""薏藏生意，藕复萌芽；展转生生，造化不息。故释氏用为引譬，妙理俱存；医家取为服食，百病可却。""藕生卑污，而洁白自若，质柔而穿坚，居下而有节。孔窍玲珑，丝绘内隐，生于嫩藕，而发为茎叶花实；又复生芽，以续生生之脉。四时可食，令人心欢，可谓灵根矣。"在这里，李时珍不但描绘了莲的生态，莲自根、叶到花果各部分的医食方面的价值，同时还说明了由于其生态符合佛教中人世展转生生的世界观，因而使莲荷成为佛教的标志。而更重要的是李时珍还发掘了在莲荷生态中所蕴含的人生哲理。荷花产于污泥而不为泥染，居于水中而不为水没；藕根生于卑污而能洁白自若，质柔而能穿坚，居下而有节。这些都是人生中重要的道德观，再加上荷花本身所具的形式之美，所以使莲荷在建筑上成为连绵两千年常用不衰的装饰题材。

门墩石上的荷花荷叶雕饰

有莲瓣装饰的基座

石栏杆栏板上的竹雕饰

石柱础上的牡丹花

竹：竹在气候温暖地区四季常青，生长很快，竹身中空而有节，可弯而不折，它既有形态之美，又包含人生哲理，所以古人将竹与松、梅合称"岁寒三友"，视为花木中之高品，以此来譬喻人品的高洁与刚直。唐代诗人白居易对他的挚友元稹说："曾将秋竹竿，比君孤且直"；"水能性淡为吾友，竹解心虚即吾师"。所以历史上出现了专画竹的画家，竹与松、梅也都成了建筑装饰中常用的主题。

牡丹：为一花种，唐朝盛产于长安，宋代以后又以河南洛阳之牡丹闻名于世。牡丹花朵密而茂盛，花瓣丰硕，色彩绚丽，品种繁多，故有花王之称，每年春季，观赏连片盛开之牡丹成为世间乐事。因此牡丹象征着富贵与吉祥，在建筑装饰的题材中占有重要位置。

卷草：卷草最初出现在中国是随佛教而传入的忍冬草纹样，三瓣或四瓣的叶子排列在一起，或是在波形的长梗上生出叶瓣组成为长条的边饰。这种外来的卷草纹经过中国工匠的手，逐渐融入了中国传统的风格，使卷草叶的线条变流畅了，叶形变饱满了，花饰的整体感也加强了。发展至唐朝，从敦煌石窟的壁画和一些石碑边饰石雕中都可以发现，原来那种忍冬草的形状已经被改造和汉化了，它们逐渐被牡丹花、莲荷花所替代而被组织到卷草纹中，在连绵不断的花梗左右，花叶更加丰实，线条变得潇洒飘逸，形成为具有中国传统风格的唐代卷草纹的装饰。这种卷草纹不但具有高度的形式美，而且还象征着华丽与富贵，它们被广泛地用在砖、石雕刻装饰中。

石碑上的唐卷草纹样

[左三图] 卷草早期纹样
[右] 唐代卷草纹样

博古器物形象

博古即博通古物，通古博今之意，这自然是古代文人有学识的标志。古物中常为文人所用所玩赏的有鼎、瓶、文房四宝及各式盆景等，把这些器物陈列在柜架上以供观赏，即称为博古架。这类博古架和这种种器物也成了建筑装饰中常用主题，有的更把这些器物加以组合成为有象征意义的题材，例如瓶中插几枝四季花卉或三把戟，则寓意"四季平安"和"平升三级"。

砖雕中瓶中三戟纹样

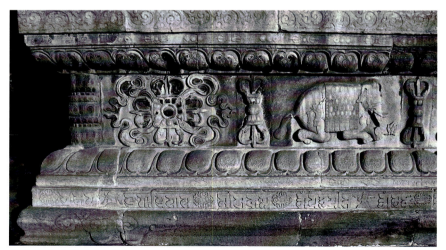

须弥座上佛教八宝石雕

在佛教建筑中，佛教的法轮、法螺、宝伞、莲花等八宝吉祥，也常常作为装饰内容。在河北易县清东陵的裕陵地宫中，四周石壁和顶部都有佛像和经文的雕刻，在地宫主体金券的东西石壁上各刻有一尊佛像，在它的四周刻有一圈八宝吉祥，八宝之间有飘带环绕组成一幅华丽的佛教装饰画面，显示出这位乾隆皇帝生前对佛教的虔诚。

在一些祠堂、住宅的门楼壁雕的装饰里也常常可以看到八仙的题材。八仙为中国古代民间流传很广的神仙。他们出现的时间很早，远在唐、宋时期已见记载，但固定为现在广为流行的这八大仙人则是元代以后的事。这就是身背葫芦，用灵丹妙药治病救人的李铁拐；酒不离口，形骸放浪的道士钟离权；倒骑毛驴的张果老；替父卖豆腐的豆腐西施何仙姑以及吕洞宾、韩湘子、曹国舅、蓝采和等八位仙人。他们有身居朝廷的国舅，也有地位低微的平民百姓，但他们都先后入了道，成了仙，所以形成为道教的八仙。尽管传说中的八仙生长在汉代、唐代、宋代的都有，相差好几百年，但经过民间神话与文学的长期渲染，经过历史的沉积和筛选，终于使他们成了一个群仙集体。他们有男有女，有文有武，从形象到性格都各具传奇色彩，因而能够迎合社会各阶层的需要与喜好。元、明时期一曲杂剧《争玉板八仙过海》描写的是八位仙人应白云仙长之邀，渡东海去蓬莱仙岛赴宴，因龙王之子抢夺了蓝采和的玉板而激怒了八仙，他们在海上大战龙王，本来龙王具有揽天扰海之威力，但八仙团结互助，各显神通，最后还是战胜了龙王一家。这种神话故事使这个群仙集体更加受到百姓的喜爱，"八仙过海，各显神通"也成了有积极意义的典故，八仙成了家喻户晓的民间群神，因而他们广泛地出现在戏曲舞台上，出现在各种民间艺术品上，当然也成了建筑装饰中常用的题材。但是在建筑和民间一些艺术品上用八仙和戏曲舞台不一样，在比较小的面积上很难描绘出八位仙人的具体形象，于是聪明的工匠想出来一个办法，就是用八位仙人手中经常带的器物作为他们的代表，即李铁拐的葫芦，钟离权的掌扇，张果老的道情筒，何仙姑的莲花，蓝采和的笛子，吕洞宾的宝剑，韩湘子的花篮和曹国舅的尺板，这种用八种器物表现的八仙称为"暗八仙"，这种间接表现的办法给建筑装饰带来了很大的方便，形象简单了，做工容易了，其中涵义也表达出来了。

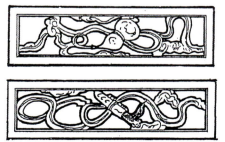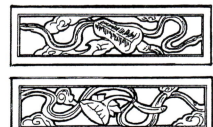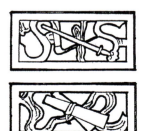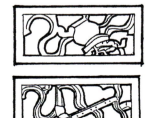

暗八仙纹样

人物及其他纹样

在建筑的砖、石装饰中，常见的人物形象有两类：一类是佛教建筑，尤其是砖石佛塔、经幢上的佛像，包括菩萨、罗汉、金刚、力士等等的雕像。另一类是在一些有题材内容的装饰画面中出现的各种人物，例如一幅戏曲场面里的文臣武将，仕男淑女。而在装饰中独立存在的人物像比较少见，在须弥座上有时能见到角神和力士。至于陵墓墓道上的文武百官雕像历代皆有，但这类人像就不在装饰范围之内了。

用文字作装饰纹样，在早期的瓦当上多有应用，而用这种装饰的构图甚有讲究，但是这种用法到后来反而不流行了。常见的文字装饰只有"福、禄、寿、喜"和"卐"即万字等几种。福、禄、寿、喜几千年来都是广大百姓的生活追求与理想；"卐"本为梵文，是佛教如来佛胸前的符号，表示吉祥幸福之

基座上的角神

人物场面的砖雕

万字不到头装饰

如意纹石雕

回纹石雕边饰

意。唐慧苑《华严纪义》中记："卐本非字，周长寿二年，权制此字，音之为万，谓吉祥万德之所集也。"既含吉祥意，又得万字音，自然成了装饰常用之字，往往成片地用作装饰之底纹，而且将字上下左右相连，寓意万字不到头，吉祥无边无际。砖、石雕刻装饰中常见的还有如意纹、云纹、水纹、回纹等纹样。如意在民间为挠痒痒的工具，一、二尺的长柄，顶端做成手指形，用时尽如人意，故名如意。后来顶端做成心字形、灵芝形、云纹形，形态既美，又有吉祥如意之美名，逐渐成了玩赏之物。在装饰中的如意往往把长柄变短，或者干脆取消长柄只留一个灵芝形或云形的头以示如意吉祥之意。云纹、水纹，常作龙、凤、鱼等装饰的底纹和陪衬之纹，表现出龙、凤傲游、飞翔于云水间，增添了题材画面的表现力。回纹可能自青铜器上的雷纹发展而来，常成片、成长条带状地使用以作底纹和边饰。

砖石装饰的表现手法

这里讲的表现手法包含三方面的内容，即装饰画面的组织；装饰中所用形象的处理；装饰加工的技法。

装饰画面的组织

建筑上各部位的装饰除了具有其本身的形式美之外，人们还想借着它们的形象所具有的特定象征内容表达出某种意识和人文内涵。这些人物、动物、植物等形象有的是单独应用，也有的是组合起来应用。例如紫禁城石栏杆和台阶上的龙，大门两旁和栏杆柱头上的石头狮子，瓦当上的龙、凤、虎、龟、鹿等动物，柱础上的牡丹、莲荷等花卉，它们表达的就是它们自身所具有的象征内容。但是这样的内容毕竟比较单一，所以在装饰中又把多种形象组织在一起从而表达出更多的内容。例如松树与仙鹤象征松鹤长寿；几只蝙蝠口衔如意，象征多福如意；乐器磬的下面挂两条鱼寓意吉庆有余等等。这种多种形象的组合并不要求完全符合生活的真实，而只求其能够表现出一定的内涵，因为蝙蝠不会口衔如意，玉石或金属做的乐器也不会和鱼吊在一起。

除了这种简单的组合以外，还有一类是情节性的组合，这就是用人物、动物、植物，连同四周的建筑环境表现出一定的戏曲场面或生活场景，例如《三国演义》中的桃园三结义，刘备三顾茅庐请诸葛亮；《白蛇传》中的白蛇娘娘水漫金山救许仙等等流传于民间的传统神话故事以及百姓农耕、打猎、收获、出行等等生活的场景。它们被安排在门楼、窗扇、墙壁上，所表现的也正是这些传统戏曲、神话故事本身所宣扬的忠、孝、节、义等方面的内容。只是这类装饰所需要的面积比较大，而且需要较多的财力，所以使用并不普遍，只有在较大的寺庙、祠堂和较讲究的住宅中才能见到。

松鹤长寿砖雕

吉庆有余砖雕

装饰形象的处理

前面已经说过，建筑上用作装饰的形象往往重复地出现，例如石栏杆的栏板和柱头，它们都是少则几块，多则几十块排列成行；室内的井字天花也是几十上百块拼连在一起。因此这些栏板、柱头、天花上如果用同一种装饰形象，那么为了制作方便，多把这些形象加以简化或者规范化、程式化。早在春秋、秦、汉时期的瓦当上就可以见到这种现象。无论是雕刻成龙、凤、虎、龟四神兽的瓦当，还是鹿、树木、花叶的形象，工匠多已经把这些神兽、动物、植物加以简化和程式化了。首先把三度空间的立体形象简化为两度空间的平面形象；再者，省略它们的细部，而着重从整体上再现这些动、植物富有特征的形态。瓦当上的一只鹿，可以说只是鹿的侧面剪影，但却紧紧抓住了鹿的头部、鹿身和四肢的特征，无论是仰首举足作奔跑状，还是曲腿回首作观望状，都生气勃勃地表现了极大的动感。从这里也可以看到，中国艺术在造型上讲究神似，追求神韵的传统很早就表现出来了。这样被简化了的形象既保持了生动性，又使制作方便易行。

龙，既是民族的标志又是封建帝王的象征，在建筑装饰中占有重要的地位，尤其在宫殿建筑上，真是龙天龙地，到处都充满了龙纹。在这里，也是为了制作方便，把龙

瓦当上鹿、虎、凤、雁的形象

纹也规范化了。梁枋上彩画的中央部分是长条形的正在行走中的行龙；井字天花小方格中央是圆形的坐龙或者团成一团的团龙；太和殿内六根龙柱上和天安门前石头华表柱上是盘绕着柱子的蟠龙；在民间建筑上，用龙的部位也很多，门窗扇上，梁枋、雀替上都有龙的装饰，为了适应这些不同部位，不同形状的需要，更创造了草龙和拐子龙的形式。一条龙只保持龙头部的形象，而龙身、龙尾、龙爪则都变成卷草纹和回纹了，卷草纹翻卷自由，回纹上下左右可以任意拐来拐去，都给装饰创造了方便，可以组成任何形状的构图，大大扩展了龙纹装饰的应用范围。

植物的形象也是这样。莲荷是建筑装饰中用得最普遍的纹样

[上左] 草龙雕刻
[上右] 拐子龙雕刻
[左上] 荷花雕刻
[左下] 莲瓣装饰
[下]   宝装莲瓣装饰

之一。我们在柱础，须弥座上常见的莲瓣装饰实际上是荷花瓣。荷花的花瓣比较大而外形比较规整，一瓣一瓣紧裹着中心，当荷花盛开时则花瓣向四方展开，中央露出莲蓬心，这展开的花瓣就是用作装饰的莲瓣，只不过真实的花瓣是边沿向上弯曲，花瓣的凹面向上，在装饰中为了制作和使用方便，把花瓣的凹面变为朝下，形成一瓣瓣花瓣面朝下覆扣在地面上了。以后，

在这种莲瓣纹样上面加刻其他纹样而形成为"宝装莲花"的装饰。

牡丹象征着富贵,也是建筑装饰中喜用的纹样,但它的花瓣比较小,花瓣的层数也比较多,工匠在制作过程中当然也将它进行了简化,花瓣被图案化和规格化了,但它仍保持了牡丹花最主要的特征。

图案化的牡丹和荷花

汉代地下墓室的画像砖,上面刻着人物、动物和植物的纹饰,细看这些纹饰的形象,有不少是相同的,一棵树,站立的马,奔驰中的马乃至人物,同一样的形象在一块画像砖上或者在多块画像砖上重复地出现。可以看出,这些形象虽然很写实,也很生动有神,但它们都是被简化了的,正是这些被

画像砖上装饰形象的组合

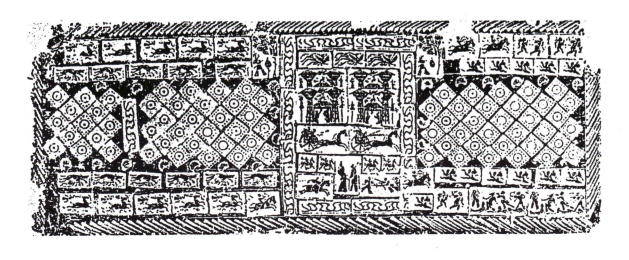

简化了的形象才比较容易地被做成模具,用模具在砖的泥坯上压出阴纹,进窑烧制成砖而成为砖上的阴刻装饰形象。在用同一模具压制时,可以连续成行成片地组合,也可以分别用人物的、动物的模具交替地组合,因而使画像砖上的装饰具有多样的构图而不至于太呆板。

装饰中有些器物纹样也被定型和标准化了。琴、棋、书、画是文人士大夫追求超凡脱俗生活的一种写照,所以在门楼、栏板、梁枋的砖、石雕刻中常见有琴、棋、书、画的形象。而它们也在不断的制作中逐渐被程式化了。一架古琴,一张棋盘带几个棋子,一函书和一卷画,成了它们的标准形象,有时还用绸带分别将四物捆扎,使其更具装饰效果。表现道家八仙的八件法物,道情筒、芭蕉扇、尺板、笛子、葫芦、花篮、莲花与宝剑,也有了标准的式样。正因为如此,才使得这些装饰题材得以广泛地使用,得以传至各地而仍能保持住它们富有特征的形象。

画像砖上装饰形象的组合

琴、棋、书、画的砖雕装饰

装饰加工的技法

由于砖石材料的质地特点，对它们进行装饰加工，几乎都是用雕琢的方法。在早期汉代墓室的砖壁上有用彩绘进行装饰的，但也是在砖上先抹一层白灰面，再在灰面上进行彩绘而不是直接画在砖上。所以研究在砖、石上装饰的技法主要看雕琢之法。

公元1103年，宋朝廷颁行了一部《营造法式》，内容是关于建筑形式、做法和各类房屋，各部分构件施工所需材料、用工的定额等等。书中的《石作制度》部分专门记载了在石料上雕琢的制度："其雕镌制度有四等：一曰剔地起突；二曰压地隐起华；三曰减地平钑；四曰素平。"剔地起突就是立体雕刻或称圆雕；压地隐起华就是在平整的石面上，把雕刻题材的部分凿去一层，对题材进行加工雕刻，但它们的最高部分不得超过石面；减地平钑是把题材以外部分

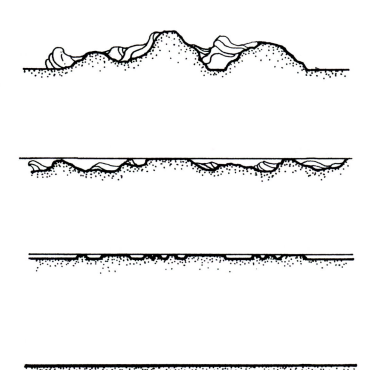

《营造法式》雕镌制度［自上至下］：剔地起突、压地隐起华、减地平钑、素平

浅浅铲去一层作为底面，但题材的加工只限于浅浅地用线条刻划，不做高低起伏的雕琢；素平只是把石面打光，石面上不做雕琢；也有一种解释是在石面上只做线刻装饰，没有其他高低的变化称为素平。

这四种雕刻手法通俗地说就是高雕、深浮雕、浅浮雕和线雕。当然在现实的装饰中，有些雕刻是介于二者之间，不好严格地归类。

在装饰加工中，怎样去应用这四种不同的技法呢？一方面是根据装饰构件所在的地位和构件本身的形状而采用合适的雕法；另一方面是根据不同建筑所要求的不同风格而决定采用哪种技法。石栏杆柱头上和门墩石上的石狮，基座角上的力士、角兽，屋顶脊上的正吻和走兽自然适用高雕或立体雕刻。影壁中心和四角上的砖雕，华表柱子上的龙与云纹，为了突出它们的装饰效果，多采用高浮雕。石栏杆的栏板，石碑的碑边，须弥座的上下枋及束腰部分作为较大面积和长条形的边饰，多用浅浮雕手法。有些殿堂建筑的石柱，又要进行装饰又不致影响立柱规整的外形，于是在柱子表面上进行线雕，远观还是光洁的石柱，近看柱子表面又有一层花饰显得很细致而华丽。大量的画像砖和画像石上当然都采取线雕或浅浮雕之间的技法进行装饰。

在一些建筑上，本身具有或者有意追求某一种风格，表现在砖、石装饰上为了突出这种风格因而选择了某种技法。例如山西五台山龙泉寺的大石牌楼。石牌楼的装饰一般都同时用几种雕法相互组合，梁枋上彩画用浅浮雕，中央字牌四周用深浮雕，冲天柱头上的神兽用立雕。但是在龙泉寺石牌楼上，从屋顶到梁枋，从垂柱到基座，甚至在八根戗柱上都布满了高雕的各种装饰，使人看了眼花缭乱，其目的就是要通过这些突出的各种花饰来表现佛教天国的一片繁华景象。广州的陈家祠堂是广东全省陈姓家族的总祠堂，该祠堂集中了石雕、砖雕、木雕、陶塑、灰塑等装饰，可以说集建筑装饰之大成。而且不但装饰材料多样，装饰内容丰富，而且在技法上多采用高雕、深浮雕以突出它们的装饰效果。厅堂檐柱之间的石栏杆，不但栏板上有突出的高雕装饰，而且在栏杆上面的扶手和下面的地栱上都有高雕装饰。更有甚者，在正厅前月台四周的栏杆，连栏杆的立柱上也用高雕装饰，一枝突起的树干，紧贴在石柱表面，从石柱延伸到扶手，再往前延伸到下一个立柱和扶手，枝干左右还长出枝叶、花果，枝叶间雕有仙鹤、飞禽，而且栏杆的栏板还是用铁铸造的构件，上面也布满动、植物和各种器物的高雕装饰。

陈家祠堂当然是很个别的例子，在大多数建筑上，砖、石装饰雕刻还是同时采用几种技法组成比较和谐的画面。北京紫禁城太和殿前面和保和殿后面都有一条专供皇帝上下台基的御道，这块用巨石做成的御道上雕着九条龙，龙的四周布满云纹，在御道的两边还各有一道卷草纹的边饰。在这里，九条龙用的是高雕，四周云纹用深浮雕，

广州陈家祠堂石栏杆

广州陈家祠堂月台栏杆

河北易县清西陵石牌楼

两边卷草用浅浮雕，因此看上去，九条龙最突出而云纹只是四周的环境，卷草更只是四周的边界，有主有从，重点突出。河北易县清西陵的入口有三座巨大的石牌楼，都是六根大石柱子，五开间，仿照木结构的形式，梁柱之间有雀替，梁上有斗栱支挑着庑殿式的屋顶。这几座宏大的牌楼却与五台山龙泉寺的石牌楼具有完全不同的风格。所有梁枋上都用近似线雕的浅浮雕雕出彩画纹饰，连屋顶正脊两端正吻的表面都用浅浮雕表现吻兽的细部，只有在六根立柱下面的夹杆石上前后各有一只瑞兽，在夹杆石的前后两个面上用深浮雕雕出云水中的神龙与林中麒麟的场面，具有较强的装饰效果。正是经过这样十分妥帖地应用了不同的雕刻技法，使这几座牌楼稳重而大方，成功地成为庞大陵区的一个入口标志，充分表现了简明而宏伟的风格，这些都是各种技法应用得比较成功的例子。

[右页] 山西五台山龙泉寺石牌楼

砖门头与门脸

门头的产生

中国古代建筑多以单幢房屋组合成群体，从一座住宅、寺庙到封建帝王的宫殿都是这种形式，这也是中国古建筑很大的特征。因此一座建筑群体的大门就成了建筑的主要大门。我们从宋代绘画《清明上河图》中可以见到这种古代的大门，这是院墙上的门，应该是一座住宅的大门。两根柱子立在地上，上面横架着一根梁组成门

《清明上河图》中的院墙门

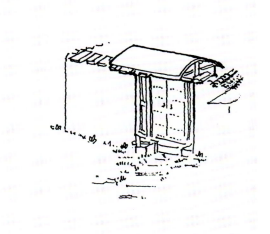

框，门框中安装门扇，门框之上做一个屋顶，里外两面都伸出屋檐，可以遮挡日晒雨淋，对门本身和开闭大门的人都起到保护的作用。因为屋顶是在门的上方，所以称为"门头"。如果院墙很高，或者大门直接开设在房屋本身的墙上，那么这种屋顶只需要在墙外的一面出檐，由墙面上伸出两根斜撑或者牛腿支撑住屋顶。这种屋顶不但具有功能作用，而且也同时具有装饰性能，可以使大门显得有气派。一座建筑的大门就像一个人的脸面一样，它给予人们一个最初的、最实际的印象，它的形象也象征着一个家庭的名望与地位，因此处于大门上的门头，它们的遮挡日晒雨淋的物质功能日益减少，而装饰作用却越来越显著，越来越讲究，它们逐渐变成为单在大门上方的一种专门装饰构件，所以也称门头为"门罩"。

门头最初都由木料制造，所以都是木结构的形式。但露在外面的木结构很容易受到损坏，再加以它们的物质功能日益减退，本身已不需要很大的出檐，所以木料逐渐被砖石所代替，同时因为石料不易加工，分量又比较重，因而砖制造的门头变成为门头中的主要形式，在全国各地的门头中，砖门头所占数量最大。

江西农村住宅大门的木门头

浙江农村住宅门的木门头

门头的形式

砖门头既是从木门头演化而来，总不免保留着木结构的形式。它的基本形式是左右两根不落地的垂花柱，柱间横架着一两道梁枋，梁枋之间是书写建筑名称的"字牌"部分。上枋上面是一排斗栱支撑着屋顶。在多数门头上，斗栱只留下下面的大坐斗部分，坐斗以上多被起伏的线脚所代替。屋顶上覆有瓦面、屋脊、屋角和走兽俱全。只是所有这些梁枋、垂柱、斗栱，都是用砖在墙上拼砌出来的，它们只是紧贴在墙面上的一层装饰，只有屋顶部分挑出墙外，两边的屋角翘得很高。

安徽农村住宅大门的门头

浙江佛寺门砖门头

江西农村住宅门砖门头

在各地的门头当然不全是这种基本的形式，许多门头都是在这种形式的基础上作了变化处理。有的取消了两边的垂柱，把上下梁枋与边柱组成为矩形框架，框内写字，框上再经过几道梁枋过渡到屋顶；有的省略了字牌部分，只有几道梁和上面的屋顶；再加上门头上雕饰的不同分布和不同的雕法使门头的形式丰富多样。

中国古代建筑尽管都是木结构体系，同属中华民族共同的文化体系，但由于中国地域辽阔，各地自然环境、经济发展的不同，生活习惯、民俗民风的差异，再加以封闭自守，交流不易，因而也造成各地区、各民族在建筑形式上的多样性。门头也不例外，小小的门头而且同样都是砖制造的门头，在各地区之间也有各自独特的风格。

苏州砖门头

江苏苏州城内有一座网师园，这是一所附有宅园的大住宅，在住宅内院的墙上，有两座大门都有砖造的门头，较大的一座称"藻耀高翔"，较小的称"竹松承茂"。"藻耀高翔"砖门头采取的还是木结构的形式，只是取消了两边的垂柱，上下两道梁枋之间的字牌上刻写着"藻耀高翔"四个字。值得注意的是在下枋之上添加了一道"平座"，在建筑上平座是楼层上的一层平台，它挑出在檐柱之外，在这里只是一道装饰，也是挑出在字牌之外，上设栏杆，下有一道透空挂落挂在两根小垂柱之间。在字牌两侧有两幅砖雕画面，雕的是戏曲场面，有人物有背景，在它们的前面正好是一段栏杆，看上去很像是一座戏台，台上正在演出戏曲。在上面枋子之下也添加了一道挂落。上枋之上平列着六攒斗栱，斗之间有镂空的栱垫板，斗栱自枋上向前跳出三层承托着挑出的屋檐，檐下挑出两层椽子，椽子上面铺屋顶瓦面。所以这座门头不仅在结构上而且也在细节上加了不少木结构的构件，例如平座、柱间的挂落、斗栱之间的垫板等，这些都是在砖门头上很少见到的。在装饰上也极力模仿木结构的特点，雕琢精良而细腻。一条上枋雕的是连续的植物枝叶与花朵，下枋上用枝叶、万字纹作底，上面再雕出一层寿字、喜字、蝙蝠与祥云。枋子上方左右两台戏曲场面的人物、家具、建筑，甚至连桌上的盆景都刻划得维妙维肖。牌上的字是双层凸出的笔划，中间填以墨色，字牌四周很窄的边框上还雕着万字、蝙蝠、钱纹等花纹。平座下那一条透空的挂落上，在曲折的图纹间还嵌着灵芝、蝙蝠与花草纹。这些附在斗栱两旁，嵌在斗栱之间透空的拐字纹、花草纹的薄片，其精细程度即使是木雕也十分不容易，何况全部用质地很脆的砖雕制作，真不得不惊叹当地工匠鬼斧神工般的技艺了。

另一座比较小的"竹松承茂"砖门头，只有上下两层梁枋，其间为字牌，其上为六攒斗栱承托着屋顶，尽管形式比较简单，但是从枋子下面透空的雀替和枋子上的雕刻看，它们同样具有细腻而秀丽的风格。从这里，使我们联想到精美绝伦的苏州刺绣和委婉动听的苏州评弹，它们在艺术上具有同样的风格，都是在苏州这一片江南沃土上培育出来的民族艺术精华。它们与这里的门头同出于这鱼米之乡、文化之邦自然不是偶然的，都反映了这一地区古时经济之富庶、手工艺之发达和文化底蕴之丰富。

[右页] 江苏苏州网师园宅院"藻耀高翔"院门

苏州网师园宅院"藻耀高翔"院门

"藻耀高翔"门头

"藻耀高翔"门头字牌

"藻耀高翔"门头屋檐下斗栱、花板等雕饰

"藻耀高翔"门头花板、挂落装饰

"藻耀高翔"门头人物场景装饰

"藻耀高翔"门头屋檐下斗栱及动、植物雕饰

[左页] 江苏苏州网师园宅院"竹松承茂"院门
[上] "竹松承茂"门头
[下] "竹松承茂"门头字牌

"竹松承茂"门头屋檐下花板、挂落装饰

"竹松承茂"门头上垂花柱、雀替和吉庆有余的装饰

徽州砖门头

徽州地处安徽省皖南地区，有一府六县，即府城歙县和黟县、绩溪、祁门、休宁与婺源［今属江西省］。徽州地区人口稠密，土地又山多平原少，单靠农耕不能维持生计，所以自古以来，徽州男儿从成年起即离家去外地经商，几经奋斗，在全国形成为颇有影响的"徽商"。这批徽商有了经济实力后纷纷返回故里置田地建住房，在这片土地上建起一幢幢祠堂与住宅，为后人留下了一座座古老的村落。在这些住宅中，有在朝廷做官的"大夫第"和"司马第"，有家资雄厚的徽商的深宅大院，也有一般百姓的天井院，它们都各有自己的门头装饰。其中有几道梁枋上都布满砖雕的讲究门头，有两根垂柱两道梁枋加屋顶的标准式门头，也有省略名牌部分，只有一道横梁加屋顶的，甚至连砖雕都没有，只在墙上用黑墨粉彩绘制出门头形式的。尽管这些门头在大小和装饰多少上有差别，但它们在总体造型和装饰上都存在着一些共同的特点。

在总体造型上，这些门头都从大门的上方开始，随着梁枋逐级向两侧延伸，直至向外挑出的屋顶，形成为一座上宽下窄的门头，好似一顶帽盔戴在大门之上，具有很明显的装饰效果。屋顶下面的梁枋可多可少，字牌部分可有可无，斗可繁可简，处理很自由，使门头的造型可以适应多种不同建筑的需要。

在砖雕装饰的运用上，徽州门头最大的特点是表现得有重点和有节制。很少见到在门头的柱梁上满布雕刻的，在一座门头上总要留出相当部分的素砖面不施雕饰，而且喜欢在门头中留出若干白粉墙面。黑色的瓦，灰色的砖，白色的墙，这黑、白、灰不但造成色彩的相间而且又兼具粗细质感的对比。

在雕刻技法的应用上，多用减地平钑的浅浮雕，使雕刻花纹处在相同的平面上，很少用突起的高雕。这些在造型、装饰应用、雕刻技法上的特点使徽州地区的砖门头形成了自身的风格，这就是严整而不呆板，华丽而不繁琐，虽没有苏州门头的细腻秀丽，但却显得端庄而大方。

［右页上］江西婺源农村住宅大门门头
［右页下］安徽黟县农村住宅大门门头

[上] 安徽黟县关麓村住宅大门门头
[下] 关麓村住宅大门门头局部

[上] 江西婺源延村住宅大门门头
[下] 延村住宅大门门头局部

[上] 江西婺源延村住宅门头局部
[下] 延村住宅大门门头砖雕装饰

[上] 江西婺源农村住宅门头局部
[下] 婺源农村住宅门头砖雕装饰

安徽黟县关麓村住宅大门及八字影壁图

安徽黟县关麓村住宅大门图

门脸

门脸是大门上的门头更进一步的装饰。如果门头还不足以显示这座建筑的气势和建筑主人的权势与地位，那么可以把门头装饰由门的上方向下延伸至门的两侧直至地面，如同门的周围贴了一层装饰罩面，也好像在人的脸面上进行了化妆，因此把这种装饰形式称为"门脸"。

我们在安徽徽州地区和浙江兰溪的农村都可以见到这种门脸。总的基本形式是把门头左右的垂柱延至地面成为贴在墙上的壁柱，在大门周围用石料做门柱，在门框与壁柱之间露出砖墙或者用贴面砖装饰。有的门脸是把立柱、梁枋组成一体，形成一个头带屋顶的构图完整的大门罩。安徽黟县关麓村的"大夫第"等住宅大门就是这样的门脸。大门门扇周围石门框外是砖砌的罩面，罩面上不分立柱、梁枋，将字牌直接嵌在大门上方，左右有对称的小块砖雕作装饰。在门罩的顶上是用雕花的横枋支撑着屋顶，这里的砖雕不多，但分布得体，装饰效果显著，整座大门经过门脸的装饰，总体造型端庄。

浙江永康祠堂牌楼式门脸

门脸中最讲究的是牌楼式的装饰形式。牌楼是一种标志性和纪念性建筑，它独立地竖立在建筑群的前方或者重要的街道上。现在在大门的四周用砖或石料按牌楼的形式贴在墙面上就成了一副牌楼式的门脸，其中大多为砖造，用石料制作的很少，这种门脸自然比一般的装饰性强，使大门更有气派，所以多用在寺庙和祠堂等公用性建筑的大门上。牌楼的大小按它的开间数和牌楼的屋顶数目而定，有两柱一开间、四柱三开间和六柱五开间之分，五开间以上的牌楼目前还没发现。牌楼上的屋顶并不和开间数相等，一开间的牌楼上也可以做成三个屋顶，所以屋顶越多，牌楼越讲究。牌楼式门脸可以做成三开间甚至五开间，根据建筑的重要性而定。牌楼的开间和屋顶多，它的体量自然高大，在这种情况下，牌楼

江西景德镇祠堂牌楼式门脸

必然高出于建筑院墙,牌楼顶部凌空于院墙之上,使大门更有气势。

牌楼门脸仍仿照木结构牌楼的形式,梁枋架在立柱上,梁枋之上用斗栱支撑屋顶,只不过这些立柱、梁枋、斗栱都是用砖拼砌和制造的,连梁枋的出头,梁柱之间的雀替,梁枋上的彩画等等,这些木结构的细部都用贴砖和砖雕表现出来,所以这种门脸既有总体的气势,又有细部刻画,成为大门上最富表现力的一种装饰形式。

福建北部邵武地区有许多住宅都喜欢用门脸作装饰,这里既有比较简洁的门脸,也有讲究的牌楼式门脸,两柱一开间的,四柱三开间的都有。在这些门脸的梁枋上都布满雕饰;在上下梁枋之间的字牌部分,有的用砖雕代替了住宅的名称;在三开间牌楼式门脸的左右两间,也安上了窗扇,有格扇形窗,也有灯笼罩式的窗,窗上的格心部分有密集的花纹或由植物组成的画面,绦环板上都有动物、植物、器物组成的装饰。总之,从梁枋结构,到门窗细部都是依照木结构、木门窗的形式,只不过所有这些全部皆由砖制作,由砖拼砌出柱、梁枋的形式,由砖雕刻出各种装饰纹样,而且还喜欢用突起的高雕和深浮雕,为的是要造成立体和空透感,以增加装饰效果。

邵武地区的门头、门脸,如果和苏州的门头相比,它与苏州门头一样,不但从大结构而且也从细部都模仿木结构的形式,立柱、梁枋、雀替、斗栱,梁枋上的彩画,门窗上的菱花,绦环板上的雕刻都有表现,但它的雕工却不如苏州砖雕之细腻与精巧。如果与徽州门头相比较,虽也注意装饰之疏密安排,但不如徽州门头那样地有度和妥帖,显得有些拥挤与缛重。

安徽黟县关麓村住宅大门图

安徽黟县关麓村住宅学堂厅大门图

安徽黟县关麓村住宅大门图

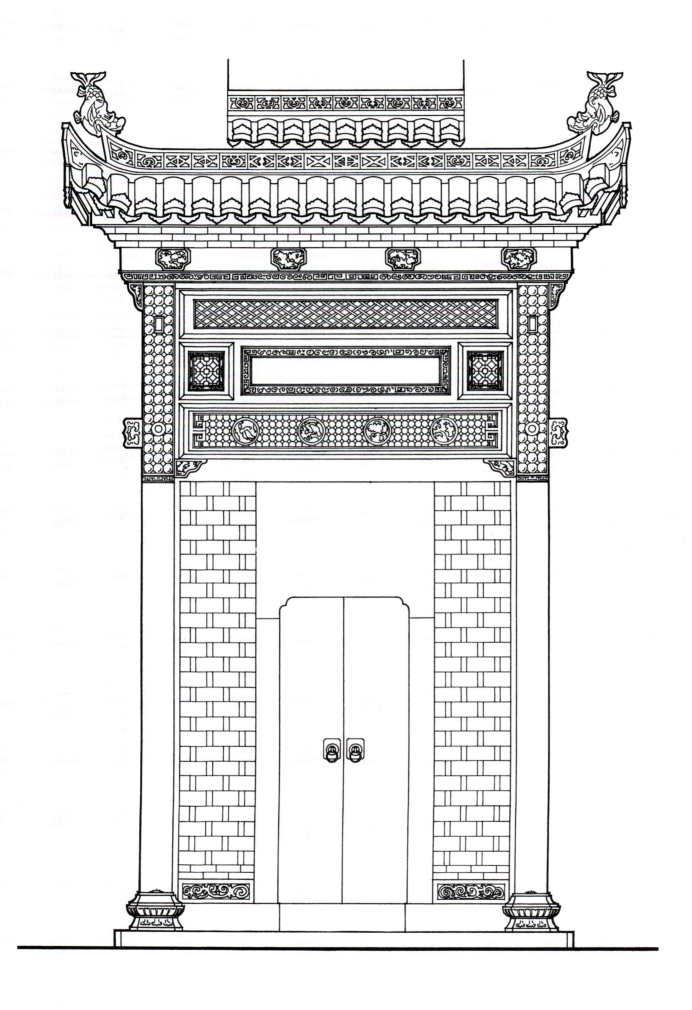

江西婺源延村住宅大门图

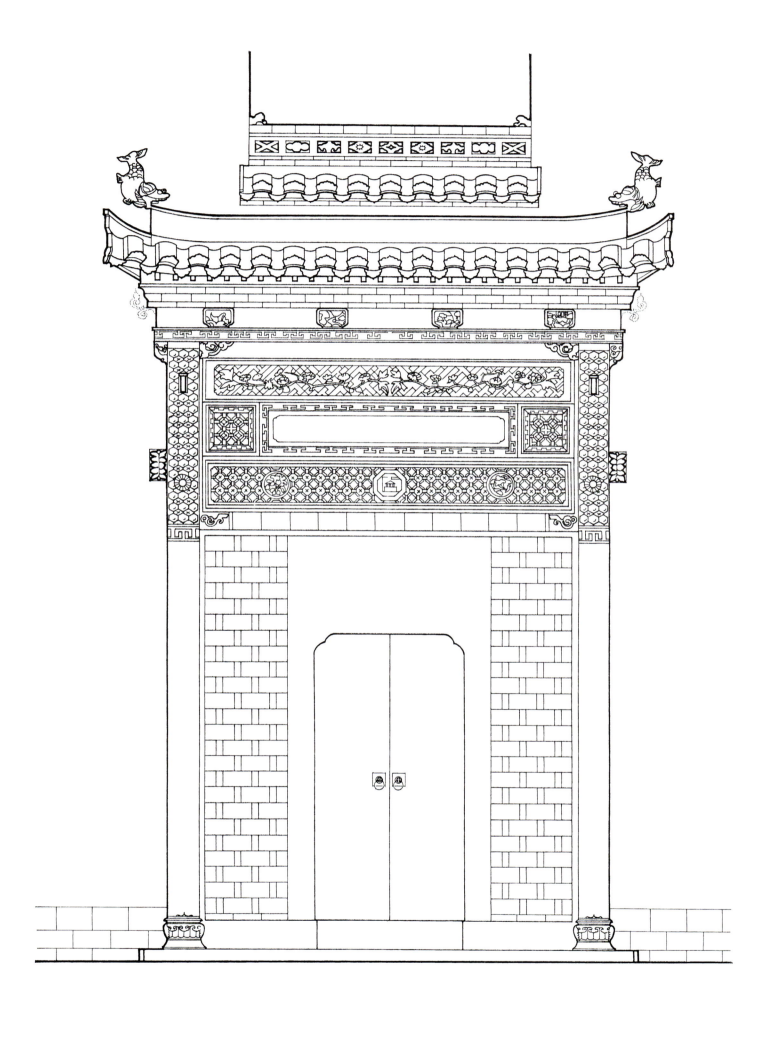

江西婺源延村住宅大门图

［上］江西景德镇祠堂牌楼式门脸
［下］江西景德镇祠堂牌楼式门脸局部

[上] 江西景德镇祠堂牌楼式门脸局部
[下] 江西景德镇祠堂牌楼式门脸局部

门头门脸的装饰内容

各地门头、门脸上的装饰，就其所用的题材与形象和所表现的内容来看，可以说没有超出中国古代传统的题材和文化内容。动物中的龙、凤、鱼、狮子、麒麟、蝙蝠、雀鸟，植物中的莲、竹、牡丹、卷草，器物中的博古、暗八仙、太极、八卦、铜钱，这些能够表现福、禄、寿、喜、如意的主题都可以在门头、门脸的砖雕装饰中见到，它们经常地被用在梁枋上的彩画及条状的、块状的装饰里。祥云中的龙，双狮耍绣球，水中的游鱼，飞翔在花间的雀鸟，栖息在回纹上的蝙蝠，从主体的形象到相互间的组织与构图都无定式，相当自由。尤其引人注意的是在门头、门脸上经常出现的块状装饰，梁枋彩画的中心、梁上的坐斗、梁柱间的雀替、梁枋之间的托墩、字牌两旁的装饰，这些装饰的面积不大，但多独立成章，所以工匠十分注意它们构图完整和所表现的象征内容。一只坐斗，下面两只小龙头，有鼻子有眼，龙头中间两枝花叶向左右展伸，正好填满上宽下窄的斗。扁长形的托墩里雕一只展翅的蝙蝠，嘴叼花叶，向两侧延展；方形托墩里是四周连续的拐子纹围着中央的福字；一条鱼张嘴吐出花朵形祥云，组成一只梁下的雀替；小方块的装饰中，不论是人物，还是一只仙鹤，一尾鱼或是几只狮子，都很注意它们形象塑造和构图的完整，可以说它们都是一幅幅可供独立观赏的雕刻作品。由于砖的质地比较脆，砖雕艺术不可能达到像木雕艺术那样精细入微的水平，但是，抬头望去，那些门头、门脸上的人物、动物、花草、器物，经过工匠之手都表现得那么生动与细致，使砖雕同样也富有很高的艺术魅力。

福字砖雕

人物、花瓶砖雕

草龙、蝙蝠砖雕

兽纹、卷草砖雕

植物、万字纹砖雕

门头上的砖雕装饰

[上] 浙江宁波寺庙门砖门头
[下] 浙江普陀佛教小庵门头

浙江普陀佛庵门头

[上] 浙江普陀佛庵门头
[下] 浙江普陀佛庵门头

浙江兰溪诸葛村住宅大门门脸图

浙江兰溪诸葛村祠堂门门脸图

浙江兰溪诸葛村祠堂春晖堂大门牌楼式门脸图

[上] 春晖堂大门门头
[下] 春晖堂大门门头字牌

[上] 春晖堂大门门头局部
[下] 春晖堂大门门头鱼、鹤、万字纹等装饰

春晖堂大门门脸局部

[上] 春晖堂大门门脸上草龙、鱼、万字纹等装饰
[下] 诸葛村祠堂大门门头雀替装饰

[左页] 陕西西安化觉巷清真寺院门
[上] 山西某地砖雕门头
[下] 山西平遥碑亭门头局部

山西平遥碑亭

壹佰壹拾

山西平遥院墙门砖门头

福建邵武地区住宅门头、门脸

福建邵武地区住宅门头、门脸

墙上砖装饰

中国古代建筑的特点之一是以木构架为结构体系，它决定了房屋的墙一般不承受重量，同时建筑的正面多设长

墀头下碱雕刻装饰(左右)

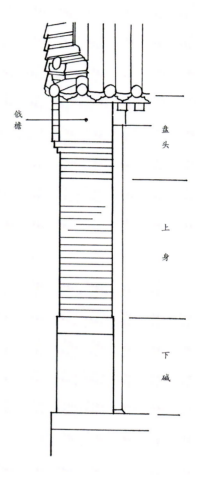

墀头图

排的门窗，因此在一幢房屋中往往只有在左右两侧和房屋的北面才用砖筑的墙体，在整幢建筑中所占的比例不大。中国古代建筑的特点之二是多以单幢房屋所组成的建筑群体出现，所以在一组建筑中都有外围的或者内部的层层院墙。除此之外，在建筑群中有时还有影壁之类的小品建筑出现，所以这里所说的墙上砖装饰，首先应该包括房屋本身的墙、建筑群的院墙、独立的影壁等等都在内；其次墙上的雕饰指的是用砖制作的装饰，包括用砖拼出的花纹和砖雕装饰等等形式。在这样的界定范围内，墙上砖装饰应该有墀头、廊心墙、墙上窗、气孔、墙上雕饰、栏杆墙、影壁等几种类别。房屋的山墙上也有一些装饰，它们多为博风板、悬鱼、惹草之类，从木结构体系看，这些构件都属屋顶部分，所以把它们归入屋顶装饰。房屋大门上屋檐下有的也有砖雕装饰，例如北京四合院的大门，如果这些雕饰和大门关系密切则归入门头装饰部分，关系不密切的，则也归入墙上雕饰部分。

墀头

一幢硬山屋顶的房屋，在它左右两侧山墙两端檐柱以外的部分称"墀头"。庑殿、歇山、悬山等其他形式的屋顶，它们的山墙没有墀头；如果硬山房屋的后墙无檐廊而是封后檐墙，那么两侧山墙的后端也无墀头。所以从房屋的正面看，除了大面积的门和窗，真正能见到的砖墙只剩下这两边的墀头，尽管它面积很小，但却是很显眼的一个部分，因此也成了进行装饰的重要部位。

墀头上下分三部分，上为盘头，中为上身，下为下碱。下碱部分大多用好砖精砌，讲究的在正面用角柱石，有的在角柱石上作雕刻装饰。上身为山墙主要部分，全部用砖砌造。真正装饰部分集中在盘头。按清式做法，盘头可分为上下两段，下段用砖叠涩，层层外挑，顶端做成荷叶墩、混枭等形式。上段为一块斜置的戗檐砖板，下端置于挑出的砖上，上端搭在屋檐下的连檐木上。大多数的盘头就是在这上下两段进行装饰，挑出砖头上的条状花饰，常用植物花叶或者几何纹样；戗檐板上为团花或者成幅的人物、动物、器物纹饰。这些装饰多数用雕刻，少数也有用彩绘的，或者是在雕刻上再加彩绘。

墀头盘头部分装饰

墀头戗檐板

但是不少建筑上的墀头装饰并不满足于限制在盘头这一小块地方，它们把装饰部分扩大了，由盘头向下延伸了。在盘头的下面继续进行装饰，有加一层须弥座的，须弥座的上、下枋、束腰上都有雕饰；有加两层须弥座上下叠加的；有雕出一座亭台建筑的，亭中台上还有人物和动物在活动。

在广州陈家祠堂这座集建筑装饰之大成的建筑厅堂上，打破了山墙墀头上的盘头与上身部分的界线，把装饰从屋檐一直延续下来，先是花饰，再是由众多人物分别在高低几层台座上所组成的画面，最后由花篮结束，从上到下，而且用多层深雕、透雕的技法，使这细长的墀头也产生了很强的装饰效果。

陕西西安化觉巷清真寺内一座殿堂的墀头干脆从上到下都进行了装饰。盘头与上身分割为五块雕饰，最上端还加了一层倒挂楣子，其上的楣心、垂柱和柱头的垂花都表现得很细致。下碱部分用角柱石，石上也有雕饰。因为是伊斯兰教的清真寺，所以所有这些装饰都用的是植物花果与枝叶纹样，其间没有人物也没有动物。

墀头砖雕装饰

墀头砖雕装饰

陕西西安化觉巷清真寺大殿墀头

山西榆次常家庄园房屋墀头

山西灵石王家大院房屋墀头

壹佰壹拾玖

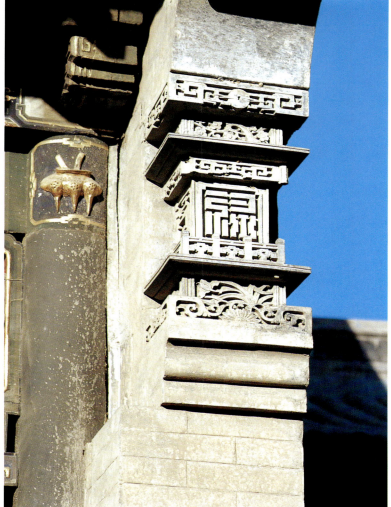

山西榆次常家庄园房屋墀头

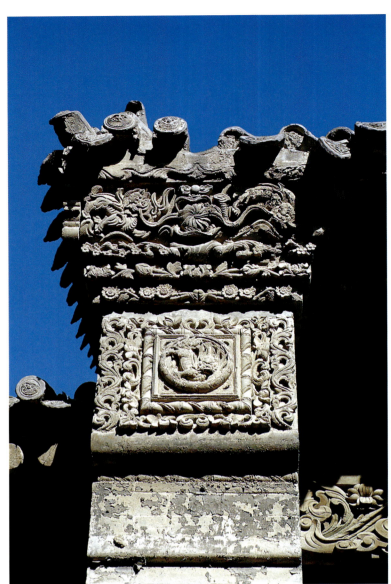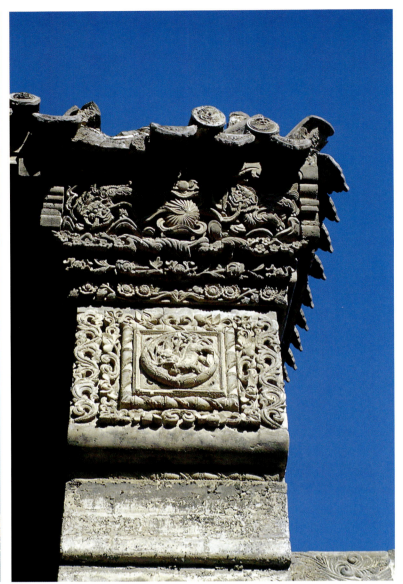

山西介休农村住宅墀头装饰

山西介休农村住宅大门墀头装饰

[左页] 广东广州陈家祠堂厅堂墀头装饰
[右页] 广州陈家祠堂厅堂墀头装饰

廊心墙

一幢有檐廊的建筑，它两头山墙的里皮，在檐柱与金柱之间的墙面部分称"廊心墙"。这是在檐廊里面两端能看得见的一段墙体，所以有一些特殊的做法。按清式规矩，也分作上下两部分。上部为穿插当，多在砖上刻出彩画式样；下为下碱部分，用条砖砌筑；中间为廊心墙的主要部分，四周有边框，中心由方砖铺砌，方砖心四周还有一圈突起的线脚。这些表面的砖都用质量好的青砖，磨砖对缝的做法，由于各部分砖形状的不同与表面高低的变化而使这一部分的墙面具有装饰效果。

在讲究的建筑里，廊心墙上常用雕刻进行装饰。常见的形式是在廊心中央方砖的中心和四角上有大小不等的砖雕。更讲究的是在中心满布砖雕，西安化觉巷清真寺殿堂的廊心墙就是这样的做法。在一片土坡上，一棵果木枝头满挂果实，坡上还有零星的花草与堆石，所有这些装饰都用薄薄的一层浅浮雕附在磨砖对缝的青砖表面上，画面左侧还有刻出的题字，四周有用回纹装饰的边框，这是一幅在廊心墙上的砖雕画，构图完整而且细腻。

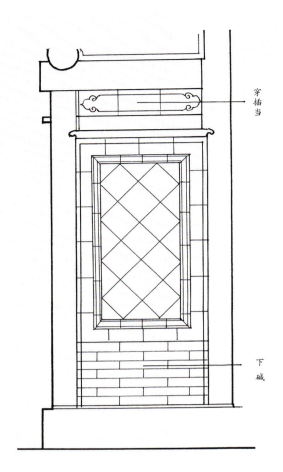

壹佰贰拾伍

[左页上] 廊心墙图
[左页下左] 陕西西安化觉巷清真寺大殿廊心墙
[左页下右] 山西灵石王家大院廊心墙装饰
[上] 王家大院住宅廊心墙
[下] 王家大院住宅廊心墙局部

陕西西安化觉巷清真寺大殿廊心墙砖雕

青海平安县农村清真寺大殿廊心墙砖雕

墙上窗

房屋上的窗，它的功能一是采光，二是透气，三是通过开启的窗可以观赏到室外的景致。开在墙上的窗，由窗框、窗扇组成，这些窗框、窗扇经过美的加工，边框上刻着花纹，窗扇用多种形式的花样分隔，涂上不同的色彩，从而使窗本身也成为建筑上的一种装饰。窗的主要部分是窗扇，由于绝大多数的窗应该是可以开启和关闭的，所以古代的窗扇多用木料制造。有时为了增强窗的装饰性，在可以开关的木窗扇之外又加了一层不能开的固定窗扇，或者干脆就是一种不能开关，只起装饰作用的窗，于是除了木窗之外出现了用砖石制作的窗，因为砖和石便于雕刻，对增强窗的装饰性自然很有利。

浙江农村住宅内院墙上花砖窗

在浙江、上海等地的寺庙殿堂的墙上可以见到这种类型的窗。圆形的窗，四周是一圈窗框，框中没有窗扇而是一幅构图完整的雕刻。神龙游弋于云间，龙身盘曲，龙首昂翘；双龙对峙，托起中央的殿堂，堂中佛像端坐，神龙四周还有一群僧侣相围侍。这些砖雕高低起伏大，层次多，雕功细，龙鳞、龙爪、龙须，连僧侣身上衣褶、面部表情都刻划入微。在高大的殿堂墙身上，并列着一个个圆窗，它们已经不

浙江寺庙院墙上花砖窗

上海寺庙墙上花窗

是普通的窗，而是一种宣扬宗教教义，供人们观赏的雕刻艺术作品了。

开在建筑群院墙上的窗，它们基本上不需要有采光和透气的功能，而主要起到连通院墙内外的作用，院墙上开几扇空透的窗，从这边可以见到那边，从院内可以见到院外，从而使墙两边的空间隔而不断。因而这类窗多不设窗扇，适宜于用普通砖砌出多种形式的透空窗格，或者用本身就是花样的砖砌造，也有的用成幅的砖雕安装在窗框内形成灵空的画面。这类窗在寺庙、祠堂、园林、住宅等类建筑中，只要有院墙的地方多可以见到。它们不但有多种多样的外形，方形、圆形、矩形、扇形、葫芦形的，四个角成直角、圆角、讹角形的，而且装饰内容也互不相同。有用简单几何体组成整齐画面的；有花草枝叶的植物花纹的；有用人物、动物、器物、建筑等组成有情节性场面的。其中有的表现出一定的象征性内容，有的只表现一种单纯的形式美。这些形式与内容往往与建筑的性质有联系。

壹佰叁拾

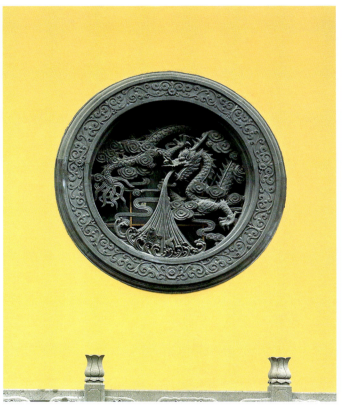

[左页] 浙江、上海寺庙大殿墙上窗
[右页] 浙江、上海寺庙大殿墙上窗

［上］、［下］浙江宁波天一阁院墙上花砖窗

[上] 上海寺庙院墙上花窗
[下] 广东东莞农村寺庙墙上花窗图

墙上通气孔

在一些重要建筑上，例如北京紫禁城、颐和园里的主要殿堂，由于建筑体量大、墙体厚，所以四周的外檐柱往往被包在墙体之中。这些砖墙在施工时，所用的灰浆含有大量水分，为了避免包在墙里的柱子受到侵蚀，一是尽量使砖与木柱之间保留一定的空隙，减少它们之间的直接接触；二是在墙内立有木柱子的地方，在砖墙上留一孔，以便排出墙内的湿气。这种通气孔的面积不大，约为长20厘米，宽10厘米，位置在正对柱子的墙下方，有的在上、下方各开一孔，以利于对流排潮。这样的通气孔自然需要加以装饰，最方便的方法就是在气孔上安一块雕花的砖，在雕花中必须留出空透的孔。在紫禁城太和殿、保和殿的两侧山墙上都能见到这种通气孔，正对着一根柱子的外墙上都上下各有一个，在通气孔上都有一块雕花的砖，内容以植物花卉枝叶为主，菊、梅、牡丹、灵芝都有，少数也有用动物形象的。这些砖雕的花饰形象与构图都很自由灵活，式样很少雷同，但都在花饰中间留有通气的空隙，空隙有多有少，有大有小，它们隐藏在花饰之中，不易察觉，使花砖保持完整的构图。

北京紫禁城宫殿墙上通气孔

北京紫禁城宫殿墙上通气孔

墙上砖雕

这里讲的墙上砖雕是指嵌在墙壁上专门作装饰的砖雕作品，它们和墀头、窗、通气孔上的砖雕不同，因为它们并不是建筑上的一个部分，或一种构件，它们与墙体并没有结构上的必然联系，只是借墙体镶嵌的一件装饰品。

这种砖雕多出现在比较重要的建筑上，例如达官贵人的住宅，有政治、经济实力的家族祠堂、会馆等建筑。山西的几座大院里，在大门门廊两侧的墙上可以见到这种砖雕作品，满结松果的松树下一只梅花鹿，既象征着长寿又喻意着发财，这自然是住宅主人的心理写照。

广东广州陈家祠堂墙上砖雕

广州陈家祠堂有几块著名的砖雕作品，它们的位置在祠堂大门两侧厅堂的后墙上，后墙向外，所以砖雕正好面对来客。在两边的后墙上各有三块砖雕，中央一幅为主，两边的为辅。这两幅中央的主要砖雕都宽达4.8米，高2米。东墙上砖雕表现的是"刘庆伏狼狗"的历史故事，有40多位人物分置在厅堂楼阁之中；西墙上砖雕表现的是《水浒传》中梁山泊好汉汇集在聚义厅的场面，也是数十位人物聚于厅堂楼台之前。这两幅雕刻都用立雕、透雕、浮雕等多种技法来表现环境与人物的关系，使这众多人物共处于多层次的空间环境之中。凡建筑上的细部，如屋顶的起翘与瓦垄，栏杆的蜀柱与栏板，柱子的柱头与垂花都雕刻得清清楚楚；数十位人物中有文臣与武将，有主人与侍从，他们服饰有别，姿态不同，表情相异，也都被刻画得细致入微。在每幅砖雕的四周围着一细一宽的两道边框，在这条边框上还雕刻着牛、羊、鸡、鱼等禽兽和人物、植物花草的生动形象。

广东广州陈家祠堂墙上砖雕

在这两幅主要砖雕的两边还各有一幅次要的砖雕，它们面积也不小，宽达3米，高近2米。一幅中央雕的是一群水禽鸟雀停息在山石上，两边有书刻的诗词；另一幅中央雕的是一只凤

[上] 山西灵石王家大院住宅大门
[下] 王家大院住宅大门两侧墙上砖雕

凰展翅飞翔，四周有花果鸟禽，两边也是书刻的诗词。这两幅砖雕的四周也都有布满动、植物纹样的边框相围。它们一左一右分列于中央砖雕两侧，远望外形十分相近，但近观则不但雕刻的内容不同，而且连四周的边框，框下面的支托纹样都不相同。

这六幅砖雕，尤其是中心的两幅，无论从其表现内容的复杂性，还是场面之大，雕工之细，在全国各地古建筑的砖雕作品中都是很少见的。

[上] 广东广州陈家祠堂西侧外墙上砖雕装饰
[下] 陈家祠堂东侧外墙上砖雕局部
[右页上] 陈家祠堂西侧墙上《水浒传》内容砖雕
[右页下] 陈家祠堂东侧墙上"刘庆伏狼狗"内容砖雕

广州陈家祠堂东西侧墙上砖雕装饰

广州陈家祠堂东西侧墙上砖雕局部

栏杆墙

一般常见的栏杆多为木栏杆和石栏杆，但是在山西王家大院、乔家大院等几座宅院里却可以见到完全用砖建造的栏杆。在窑洞房二层的檐廊前，在窑洞的屋顶四周都用的是这种栏杆。

这里的砖栏杆特点一是完全实心，二是表面布满雕饰。别处的砖栏杆多用砖砌成透空的棂格，既减轻本身重量，又显得比较轻巧。但这里的砖栏杆都是实心，就像是一道砌在屋顶边沿上的矮墙，只在表面用条砖按木栏杆的形式砌出蜀柱和扶手、地栿的式样，使它们具有一般栏杆的形态，所以可以称它为栏杆墙。

栏杆上装饰的形式很多，有的只在花板部分加以雕饰，有的连蜀柱、扶手上也加雕刻，有的还在地栿的下面加了一道花板。在雕饰内容上，有动物中的草龙、拐子龙、植物中的莲荷、葡萄、桃、兰草、卷草，有器物中的琴、棋、书、画，以八仙用具表现的暗八仙，也有象征意义的瓶中插花、瓶中插戟等等形象，总之，具有特定内容的传统纹饰在这里都可以见到。这些纹饰的组合相当随意，没有一定之规，一段栏杆一个样，甚至于在同一段栏杆的几块同样大小的装饰，其纹样也不相同。在雕刻手法上，因为栏杆位置高，视点远，所以喜用比较高的浮雕，局部花纹更用突起的高雕，从而取得较好的装饰效果。

综观这几处砖栏杆上的雕刻装饰，其特点是总体布局疏密有度，高雕、透雕、浮雕多种手法应用得当，该高则高，该浅则浅，因此，雕饰虽多而不显繁琐。总体上具有华丽的风格，它们与整座宅院的石雕、木雕装饰在一起，表现出古代晋商在经济上的实力和追求豪华的心态。

山西祁县乔家大院住宅栏杆墙近观

[上] 山西祁县乔家大院住宅栏杆墙
[下] 乔家大院住宅栏杆墙近观

[上] 乔家大院住宅栏杆墙
[中] 乔家大院住宅栏杆墙
[下] 山西住宅栏杆墙近观

[上] 山西榆次住宅栏杆墙
[中] 山西灵石住宅栏杆墙
[下] 山西榆次常家庄园住宅栏杆墙

影壁

影壁是一段独立的墙体，位于一组建筑大门的外面或者里面，它面对着大门并与大门保持一定距离，在大门外影壁的功能是标明大门的地域，使过往行人避开；大门内的影壁的功能是遮挡人的视线，不让人一眼望到院内，以保持建筑内部的安静。所以原来大门内外的影壁分别称为"隐"与"避"合称"隐避"，后来演变为"影壁"。住宅建筑因为更需要保持内部的私密性和形成一个相当封闭的安静环境，所以这种影壁在住宅中出现得最多。北京紫禁城后宫部分帝王和皇族居住的住宅院里，几乎在院门里都有一座影壁。因为影壁不论在大门里还是在大门外，都是与进出大门的人打照面的，所以又称为照壁。也正因为如此，影壁又成了装饰的重要部位。

影壁既有了装饰作用，它原有的遮挡与隐避作用也得到延伸，于是影壁不单纯放在门里门外面对着大门了，它有时被置放在建筑大门的两旁与大门连成为一个整体，因而增添了大门的气势，这种影壁称"撇山影壁"。有时又被置放在建筑的庭院里，成为独立的一座供观赏的建筑装饰品。总之，影壁的装饰越来越受到重视，其中最隆重，最讲究的是帝王宫殿建筑大门前的影壁，影壁上有九条神龙游弋于云水之中，具有封建帝王的象征意义，所以又称为九龙壁。影壁全部由琉璃贴面，九条神龙，色彩绚丽，成为古代影壁中最高的形象，但它不属于我们讲述的砖装饰范围。现在我们要介绍的是砖影壁上的装饰和其他材料影壁上的砖雕装饰。

北京紫禁城撇山影壁

紫禁城内琉璃影壁

北京香山静宜园砖影壁

静宜园影壁砖雕装饰

壹佰肆拾柒

北京颐和园和香山静宜园的内院大门两侧都有一道影壁与大门连为一体成为大门的一个有机部分。这两座撇山影壁全部由砖筑造，上为壁顶，中为壁身，下为壁座。对于大多数影壁来讲，壁顶都采用建筑屋顶的形式，根据影壁的大小和重要性，分别用庑殿、歇山、悬山与硬山的形式，屋顶的四个角和屋脊上的吻兽也带有地区的不同风格，北方屋角平缓，南方屋角起翘很高。壁座多为须弥座，座上雕饰的多少也视影壁的大小和讲究程度而定。只有壁身部分的装饰变化最多，也是整座影壁装饰的重点。颐和园与静宜园这两处影壁的壁身全部用方砖斜铺磨砖对缝的做法，表面十分平整只在壁身的中央与四个岔角上用砖雕装饰。由于两座园林都属皇家园林，所以影壁上雕刻全部用龙，中心部分是对角海棠叶的外形，内有三条神龙游弋于祥云间，龙身盘卷，构图紧密。四个角分别有一条龙与云纹组成的三角形砖雕装饰，这些砖雕起伏都比较大，在平素的砖面上显得很突出，具有很好的装饰效果。

各地寺庙门前也是影壁较多的地方。不少寺庙只在壁上书写寺名，山西五台山佛光寺、江苏苏州寒山寺的寺门前都是这样的影壁。浙江杭州雷峰塔前的影壁上写有"夕照毓秀"几个大字，这些书写在砖影壁上的字，虽然标明的是寺名，但同时也具有装饰的作用，不过还不属于砖装饰的范围，真正的砖装饰还是在这些影壁上的砖雕。四川成都武侯祠门前，上海玉佛寺门前的影壁上都有这种装饰。正对玉佛寺大门立着一道砖筑影壁，土黄色的壁身，中央部分用灰色条砖砌出一个正方形边框，框中心为圆形砖雕，雕的是山石与两只大象，一只象的背上还立着一个花瓶，瓶里插着三把戟，象征着"平升三级"。框四角也各有一处三角形的砖雕，雕着三只仙鹤飞翔在祥云之中。除中心部分用高起的立雕和透雕以外，其余部分均用浅浮雕，有主有从，重点突出。青灰色的砖雕放在土黄色的底子上，形象十分鲜明。

常见的影壁多为一道直的墙体，外形简单，称为"一字影壁"，一字影壁太长，所以有的将它们分为三段，中间一大段较高，左右两小段较矮，形成一主二从的形式。有的把左右较矮的部分向内倾斜，形成一道八字形的影壁，称"八字影壁"，它多立于大门之外，与大门形成环抱之势，组成门前的广场或庭院。凡是分为三段或者八字形的影壁，壁上的砖装饰多分置于三个部分，各自独立成章。常见的中央团花，四角角花的装饰形式，分别在三段影壁壁身上都同样布置，只是大小

一主二从式影壁

八字影壁

有差别。也有中央一段装饰讲究，两边的较简单的装饰方法。上海松江县原城隍庙前的一座影壁体形高大，面宽约13米，高近5米，左右分为三段，中段较高，两侧略低。中段全部由雕砖组成，一块块方形雕砖拼出一只具有鹿角、狮尾、龙鳞、牛蹄的怪兽，怪兽四周雕着摇钱树、灵芝、珊瑚、如意、元宝等等人间的财宝。而左右两旁的壁身上只用条砖在白粉墙上围出一画框，框内只有中心和四角的小块雕饰。所以在总体构图上，两侧的白粉壁身点缀着几处雕饰，它们围护着中央的大片砖雕，使这座体量巨大的影壁并不显得沉重，而且使大面积起伏很小的砖雕也显得很醒目。

数量最多的还是住宅里的影壁。北方四合院住宅的大门设在一角，走进大门，迎面即对着一座影壁，它既是大门内的一道屏幕，又是住宅门内的第一个景观，因而也成了装饰的重点。有些小型四合院把对着大门的厢房山墙当作影壁而不另设影壁，这种形式称"座山影壁"。大型的，比较讲究的四合院，除了在大门内的影壁之外，在大门外，正对着大门的马路对面还设一座影壁，它与住宅大门围合成一个门前的区域。

住宅的影壁，尤其是大门里面的影壁，几乎都有装饰。最简单的是用不同的砖，不同的砌法在影壁身上产生装饰效果。常见的做法是在影壁屋顶下面和壁座之上，壁身的两旁用普通砖砌出两道边柱，在边柱之内用方砖磨砖对缝做出平整的素面。也有的在这一部分做成白灰抹面。总之是利用几部分在色彩与质感上的不同造成装饰效果。不少住家多在这样的影壁之前置放盆景、一组堆石或几盆秋菊，或一缸睡莲，皆能组成一幅动人的景观。当然更多的住家，只要有条件，都在影壁上加做砖雕装饰。中央的团花加四角的岔花，这是最常用的方

北京四合院影壁

云南大理白族住宅影壁

式；中央团花或圆或方，随着住宅的讲究程度，这种团花越来越大，内容越来越多，雕刻越来越突出，乃至发展到整座壁身成了一幅大型的砖雕作品，人物、动物、植物、器物、文字都上了影壁，影壁成了显示住宅主人权势与财富的一种标志了。山西王家、乔家等几处大宅院内的影壁可以说是这方面的代表。

云南大理白族的住宅也是四合院，其中有一种称为"三房一照壁"，即由三面房屋和一面照壁围合成四合院，这座照壁，正对四合院的正房，宽度与正房相当，而且习惯在壁身上做成白灰抹面，所以它在体形与色彩上与一般四合院的影壁完全不同，显得很干净和醒目。影壁呈一字形，有的也分作左右三段，呈一主二从的形式。顶上有四角起翘的屋顶，下有简单的壁座，壁身抹白灰，只在屋檐下和壁身左右设有一道边饰。边饰很宽，用条砖做出突出于壁身的几何形分格，在这些不同形状的分格中再施以彩绘。彩绘的内容不拘一格，有花鸟、人物、风光、器物，各自组成独立的画幅，围合成为一道五彩缤纷的装饰彩带，在大片洁白墙面的衬托下，显得十分鲜亮与活泼，它们与同样风格的住宅大门并列，如同白族姑娘一身白色服装上绣着花色的边饰一样，在苍山之麓、洱海之滨，映现出白族地区特有的一种乡土之美。

北方住宅影壁

北方大型住宅内影壁

[上] 云南大理白族住宅影壁
[下] 上海寺庙门前影壁装饰

[上] 上海松江大影壁
[下] 松江大影壁中央部分的砖雕饰

[上] 山西榆次常家庄园影壁
[下] 山西祁县乔家大院影壁

[上] 山西祁县影壁
[下] 祁县影壁局部

[上] 山西灵石王家大院住宅影壁
[下] 影壁中心五福装饰

山西祁县乔家大院影壁

乔家大院影壁壁身上雕刻装饰

壹佰伍拾捌

[上]、[下] 山西榆次常家庄园住宅影壁砖雕
[左页上] 山西灵石王家大院住宅影壁
[左页下] 王家大院住宅影壁中心砖雕

[左上] 山西灵石王家大院住宅影壁
[左中] 影壁上山水风景砖雕
[左下] 影壁上双狮耍绣球砖雕
[右上] 影壁上仙鹤砖雕
[右中] 影壁上麒麟砖雕
[右下] 影壁上松树、鹿、鹤砖雕

甘肃临夏影壁

江西乐安流坑村凤凰厅影壁图

山西沁水西文兴村关帝庙影壁图

山西阳城郭峪村住宅影壁图

砖石墙体

上面所讲砖墙上的装饰，绝大部分是指墙体各部分上的砖雕装饰。墀头、廊心墙、墙上窗、栏杆、影壁等部分上的装饰都是这样，大部分都是用雕刻的手段，或是用砖砌造出各种装饰题材，小部分也用不同形式、不同质量的砖拼砌出花纹以达到装饰的目的。现在讲的是砖和石墙本身的装饰作用，在这里不用砖雕和石雕的手段，不用方砖、磨面砖等其他式样的砖，完全依靠几种材料和不同形式的组合而使它们产生出一种装饰之美。

山东栖霞县牟氏庄园是一座规模很大的地主宅院，厅堂廊屋接连成片，装修、装饰也很讲究，但它们所用材料除木料外，用在外墙上的无非就是砖与石料两种。以材料的特点讲，石料坚实、承重、耐压、防水、防潮性能也比砖强，但开采不易，价格较贵。砖料取材容易，施工方便，价格便宜，但承重耐压都比石料差。因此从结构的合理性看，石料多用在墙体的下段作为承重的基础，砖墙砌在石墙之上。在墙体上端挑出部分也多用石料做挑梁，比砖叠涩挑檐更坚固。有时在砖墙中加一道石料，可以加强墙体的整体性。中国古代建筑是木结构体系，所以一幢房屋的墙体往往不承受屋顶的重量，这样，为了减轻墙体自重和降低房屋的造价，有时在墙体的上段用空斗墙的砌法，或者用质量比较差一些的"草砖"砌造，再在这些空斗墙或草砖砌筑的墙外表抹以灰面，这就是常见的白粉墙。

牟氏庄园建筑的墙体就是这样，在一段墙体上，同时有石、砖和抹白灰的几个部分，石料是带米黄色的花冈石，砖为普通的灰砖，白灰墙表面很细，颜色很白。从这些建筑上可以看到，工匠很善于在符合结构性能的基础上，巧于应用这几种材料，从而使墙体产生一种装饰之美。一面墙体，下段为石墙，上段为白粉墙，两者之间夹一条砖墙，粉墙上并列开着一扇扇木窗；有的在门的两侧或者窗的两边用砖墙砌出一道好比门窗两边的边柱；有的砖墙直至屋顶而不用灰墙，但在砖墙中加几道石料，既加固了墙体又在视觉上十分醒目。同样一种分段法，又因为石墙有高低，石料形状有长条形的，六角龟背纹等等的不同；石料表层也有不同的加工，粗条纹的、细点状的；砖墙中石料有多有少；粉墙所占面积有大有小。所有这些因素都会产生不一样的效果。这种应用天然材料装饰墙面的例子在各地区的住宅建筑上经常能见到。简单的两、三种材料，由于它们具有不同的色彩，不同的表面肌理和质感，只要巧于应用，就能够使它们所砌造的墙体具有美的形式，产生出装饰效果。

[上、中、下] 山东栖霞牟氏庄园砖石墙体

[上] 山东栖霞牟氏庄园小楼
[下] 牟氏庄园建筑不同的砖石墙组合

福建泉州杨阿苗宅墙上砖石组合

砖 塔

砖塔的形式

塔是随佛教传入中国的一种标志性建筑，所以也称佛塔。塔产生于印度，原为埋藏佛舍利的纪念建筑，舍利埋入地下，地上堆筑一座圆形土堆，在印度梵文中称Stupa，翻译为"塔波"，或称"浮图"，"塔波"后来逐渐简称为塔。这种圆形的塔传入中国后和中国本土故有的建筑相结合，创造和形成为楼阁式的塔，其形象为下面是中国多层木结构的楼阁，上面安一座"塔波"作为塔的顶部，也称塔刹。之后，在楼阁式塔的基础上又产生了密檐式塔，它的特征是把塔的基座和底层以上的各层层高压低，形成多层屋檐密叠，将塔分为塔身、密檐和塔刹三部分，故称密檐式塔。再加上以后传入的喇嘛塔、金刚宝座塔等形式，使中国佛塔形成为多种形式并存，共同发展的状况。

木结构的楼阁塔既为木料筑造，塔本身又高，所以极容易受到天上雷击和地上人为的火灾破坏，因此出现了用砖和石料筑造的佛塔。在诸种形式的佛塔中，楼阁式的塔除木结构的以外，还有砖木混合结构，即砖筑塔心，塔身外表和各层屋顶都用木结构；也有纯砖结构的；纯石结构的虽有但不多见。密檐式塔以砖结构为主，喇嘛塔也以砖结构为主，但此类塔的外表都有抹灰作为外层，而且都是白色，所以常以白塔相称。北京就有北海琼华岛上的白塔和西城区的妙应寺白塔，它们都是著名的喇嘛塔。金刚宝座式佛塔除个别有砖筑的以外，多为石造，但下部的金刚宝座也多由砖建造再用石料包砌在外。所以从佛塔的总体看，砖造的塔占多数，尤其是密檐式塔的绝大多数为砖筑，而密檐式塔自唐至宋、辽、金以至明清又成为佛塔中的主要形式，因此可以说砖是建造中国式塔的主要材料。有一种说法，木塔在日本，石塔在朝鲜，砖塔在中国，这种说法并不符合实际，但至少也说明了砖塔在中国佛塔中的重要地位。

砖塔造型及装饰

建筑上的装饰，广义地说，应该是指对建筑形象进行美的加工，从而使它们具有美的形式。建筑形象包括整体也包括局部，建筑的整体外观形象，建筑的屋顶、屋身和基座，建筑上的立柱、梁枋、斗栱、门窗，甚至梁枋的出头，门上的门簪、门墩、门叩，窗扇上窗格、窗板等等都可以进行美的加工，使这些构件不但具有实际的功能，而且也有装饰作用。

现在研究砖塔的装饰也应该从它的整体到局部进行全面的观察。

大理崇圣寺三塔。崇圣寺处于云南大理县城西北部，三座砖塔位于崇圣寺山门之前，原寺庙建筑早已毁，现已修复，同这三座高塔点缀在苍山脚下。

三塔鼎足而立，中央千寻塔最高，建于唐敬宗宝历元年[825年]，为典型的方形密檐式唐代佛塔的形式。全塔分塔身、密檐与塔刹三部分。塔身9.85米见方，以上为16层密檐，从底至塔刹总高66.13米，为现已发现的唐代佛塔中最高者。全塔坐落在平坦的两层台基上，台基亦为方形，上下两层分别约为21米与33米见方，共高约3米。千寻塔整体轮廓由下至上呈抛物曲线形，底层塔身之高大于面宽，成瘦长形，自塔身向上至塔中段外轮廓向内作直线收分，至第九层檐开始向上作明显的抛物线收缩直至塔刹。密檐部分的每一层出檐檐口都呈曲线，即檐口相交的每个角都微向上起翘。它们的做法是自塔身向外用砖层层叠涩，第一层挑砖，第二层砌出锯齿形的菱角牙子，以上各层逐级向外挑出，组成两角微微翘起，造型轻盈的16层屋檐。在密檐部分每层很低的塔身上，中央设券洞或佛龛；龛洞两侧，各有一座突出塔身的单层小塔，小塔也有双角起翘的屋顶。整座千寻塔，除由铜制的塔刹部分外，自下而上全部都用砖结构，塔身上没有立柱、横梁的形象，屋檐下没有斗栱的支撑，门窗上也没有雕刻装饰，这里能够看到的只是佛塔整体外形的曲线塑造，每一层

云南大理唐代千寻塔局部

屋顶砖叠涩的细致处理和屋檐的起翘，就凭借着这些从整体到局部的富有弹性的曲线，使这座高耸的佛塔显得挺拔而且优美。

千寻塔两侧的佛塔建于宋初，呈八角形楼阁式，高10层达42.19米，坐落在两层八角形的砖筑台基上，底层瘦高，以上各层较低，每层下有平座，上出屋檐，平座有仰莲座和牛腿支托的两种形式，自第三层以上交替使用。各层的八个面分别有佛龛与突出塔身的小塔，各面交角处都有串珠形的壁柱。佛塔下四层呈直线，自五层开始才有收分，但卷刹不明显，所以略显鼓肚，塔身整体造型不如千寻塔俊秀。各层出檐也用砖叠涩层层挑出，檐口微有起翘。各层的小塔底部都有灵芝、祥云形花饰承托；塔上为歇山屋顶，两角也有起翘。连串珠形壁柱上也附有浅浅的雕饰。所以在局部装饰上比千寻塔还多而细，但总体形象不如千寻塔简洁和俊俏。

河北正定临济寺砖塔局部

正定临济寺澄灵塔。澄灵塔位于河北正定县城内临济寺。塔初建于唐咸通八年[867年]，金大定年间[1161年-1189年]重修，为辽、金时期北方典型的砖筑密檐式实心佛塔。塔平面呈八角形，坐落在方形石基坛之上。塔下有须弥座承托着塔的底层，底层以上有九层密檐，通高33米，塔身有收分但没有曲线，所以外形瘦高而挺拔，但欠俊美。塔底须弥座之上设平座，下有斗栱支托，四周围有栏杆，扶手下有云瘿项，栏杆上刻有十字和万字花纹。平座之上有一层仰莲花座承托着塔的底层，这是佛塔最主要部分，八个面拐角处高鼓出的圆形壁柱，面上四面设门，四面设窗，交替排列。门为格扇门，其格心部分有菱花、条格等不同做法，裙板上也雕出不同的花饰，格扇门上还有荷花荷叶和双龙戏珠的门头装饰。四扇窗户上也有条纹格的雕饰。可以说，在这座密檐式砖塔上，它的门窗、平座、梁、柱等部分模仿木结构形式还是相当细致的，从整体至装饰都做了刻画。

我们在别的同一类型的佛塔上可以看到，在底层多集中用雕刻手段塑造出佛、菩萨、天王等等的形象，端坐在龛中的佛，两侧的胁侍菩萨，加上宝伞、经幢满布塔身，甚至在塔下须弥座的束腰上也雕刻着天王及佛经中的法器，使佛塔增添了佛教内容的表现。但是在澄灵塔上却舍去这些佛教内容，只用了普通的门和窗，形象和位置都十分明确，从而使这座佛塔的建筑形象更趋完整与清晰。

正定天宁寺塔。塔位于河北正定县城内天宁寺，初建于唐代宗时期[763年-779年]，以后宋、明、清各代均有修葺。塔为砖木混合结构，平面八角，上下九层，高40.98米。塔的下四层为砖筑，上五层为木结构，底层最高，以上各层略有递减，外轮廓也有收分，自下而上呈卷刹曲线。值得注意的是下四层砖造塔身的处理。四层塔身皆由青砖筑造；底层有一层白石镶边的裙脚，正面开门，特别用红砖做出门框、门券、门簪的形式，屋檐下除转角的斗外，每间都各有三攒斗，斗坐落在用红砖砌出的一道薄薄的枋子上，屋顶的檐口平直无起翘。第二、三两层塔身亦为灰砖造，但在八个转角上用红砖砌出八角形壁柱，在壁柱两侧，更砌出薄薄的一道小柱和檐下的枋子相连。在

河北正定天宁寺塔局部

正面上中央为圆洞门，门两边还加了一道腰串。二、三层的檐下面还是三攒斗，屋顶出檐也保持平直不起翘。直到四层，当屋顶改为木结构，屋檐才有了起翘，由于塔身面阔的减小，屋檐下斗也由三攒减至两攒。在二、三、四各层的下面都有一道砖砌的平座。所有这些处理，底层中央那突出的红砖仿木大门，二、三层上那壁柱和贴在塔身上红色的小柱与横枋、腰串，那一道道并不显眼的平座，它们本身的形象都不复杂，也没有雕刻装饰，但是它们都很细致，在形象、位置和色彩上都处理得很周到，正因为有了这样的处理，才使得上下砖木两种不同的结构能够和谐相处，连接得如此自然，才使得这座佛塔在总体造型上稳重而不显呆板，简洁而且大方。

吐鲁番苏公塔。苏公塔位于新疆吐鲁番市近郊。这是18世纪中叶吐鲁番郡王苏来满为他的父亲额敏所建的纪念塔，所以又称额敏塔，建于清乾隆年间[1735年-1795年]。塔为圆筒形，高达44米，塔身细长，形如上天的导弹。此塔全部用当地生产的黄土砖砌造，塔内中空，有砖筑旋梯可通塔顶。塔身外完全用砖拼砌出十字形、斜方菱形、花瓣形以及各种几何形的花纹，多达25种，分别组成片状、条状、块状装饰，疏密相间，错落变化，它开拓了砖筑建筑的艺术表现手法，使一座造型十分简单的砖塔变成为吐鲁番地区著名的古迹艺术珍品。

新疆吐鲁番苏公塔局部

云南大理崇圣寺三塔远观

崇圣寺千寻塔正面　　　　　　　　崇圣寺千寻塔　　　　　　　　崇圣寺小塔

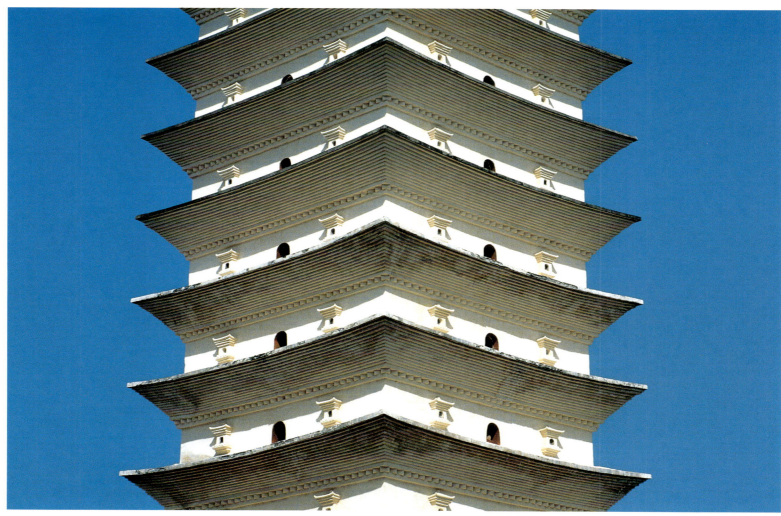
崇圣寺千寻塔局部

崇圣寺小塔局部

壹佰柒拾叁

河北正定临济寺澄灵塔

临济寺澄灵塔基座

澄灵塔上栏杆及莲瓣装饰

澄灵塔底层砖雕门

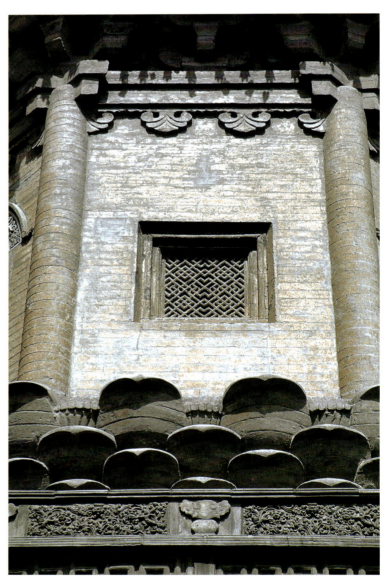
澄灵塔底层砖雕窗
[右页]澄灵塔密檐层近观

[上] 河北正定天宁寺塔
[下左] 天宁寺塔门上装饰
[下右] 天宁寺塔身部分

壹佰柒拾捌

壹佰柒拾玖

[上] 北京天宁寺塔
[下左] 天宁寺塔塔身
[下右] 天宁寺塔密檐层

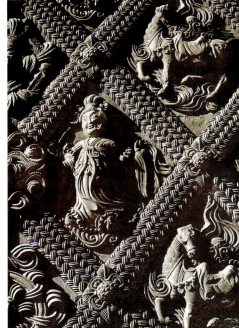

河南安阳修定寺塔
修定寺塔上砖雕装饰

新疆吐鲁番苏公塔及清真寺

门枕石

门枕石是建筑大门上的一个构件，它的位置在大门门框两边垂直边框的下面，它的功能是承托门扇的转轴，所以多用石料制作。门枕石简称为门枕，又俗称门墩，宋代称门砧。

关于门枕石的制度，在宋《营造法式》中说明了它的尺寸大小："造门砧之制：长三尺五寸，每长一尺，则广四寸四分，厚三寸八分。"这里讲的并不是绝对的尺寸，只是规定了门砧长、宽、高之间的比例，因为门砧的大小要根据门的尺寸而定。在《营造法式》卷二十九的石作制度图样中有两幅门砧图。长条形的石块，前后分作两部分，一头在门外，一头在门内，中间有一凹槽安置门的下槛。在门内部分的上方有一凹穴，即为承托门转轴之处，有时为了更好地经受门下轴的磨损，在门砧石上安置一小块金属铁，在铁块上留一半圆形的凹穴以承托门轴，称为"铁鹅台"。这就是门枕石的基本形式，各种类型建筑大门的门枕石都是这样的形式，它们的区别在于大小不同和门枕石上装饰的多少。

门枕石的造型与装饰

建筑的大门，无论是宫殿、寺庙、祠堂还是住宅，都代表着这幢建筑主人的地位与权势，所以一个家族或家庭的名望被称为"门望"，所以才产生了门的形式与装饰问题。前面论述过的门头、门脸那是在门的上面和两边的装饰，而这里讲的门枕却提供了门下面装饰的一个部位。

长方形的门枕石一半在门里，一半在门外，在门里的部分承托着门扇的转轴，而门外的部分原来只起一个平衡的作用，使一头承受重

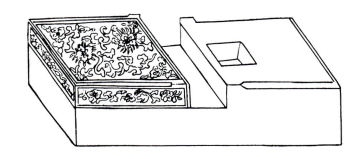

[上]《营造法式》门砧图
[下左] 石座门枕石
[下右] 圆鼓门枕石

量并且还承受转动摇晃力量的门枕石能够保持平稳不致产生移位。而恰恰是留在门外的部分位置十分显要，它是一个矮矮的石台，并列于大门的两侧，很自然地成为装饰的重要部位，似乎等待着你去应用和打扮。从大量门枕石的形象上可以看到，在这块门枕石上用得最多的装饰就是狮子与圆形石鼓。

狮子性凶猛，所以常用它来作护卫大门的门兽，早在南朝的陵墓神道上就让我们见到了实例，无论在宫殿、陵墓、寺庙等建筑的大门前都能见到狮子的踪影，它们分踞于大门的两侧，左为雄狮，足按绣球；右为母狮，脚抚幼

[左]、[右] 狮子门枕石

狮，这已经成为常规的形式了，所以在门枕石上用狮子，这是最合于常理之事。只是这里的狮子形象比门前独立的石狮更为自由，有站立的、蹲坐的、趴伏的，有一只大狮子抚弄着数只小狮子的；它们的表情有凶狠的、嬉笑的、顽皮的，多种多样。

门枕石上为何采用圆形石鼓作装饰，目前尚不知古籍中有记载此事的。古代人多把尧、舜时期作为政治上的民主开明时期，所以有"尧设谏鼓，舜立谤木"之说 [见《艺文类聚》十九晋孙楚《反金人铭》]。所谓谏鼓是指朝廷为听取百姓意见，在朝廷大门设一大鼓，百姓有事可击鼓以求进谏。由此，门前设鼓就带有欢迎来人的象征意义了。所以后来把圆鼓用在大门外作装饰是否与此谏鼓传说有关系，这只能算作是一种推测。圆形的石鼓直立于门枕石座之上，下面用花叶托抱，所以这类的门枕石又称为"抱鼓石"或"门鼓石"。石鼓有大有小，有厚有薄，在许多这

类的抱鼓石上又有雕上狮子的，这样既有欢迎来客之意，又有狮子把门防止妖魔进宅，可谓两全其美了。

当然也有简单方整石座形的门枕石，高于门槛的石座，座上有的也立着、蹲着或趴着一只小狮子，座的几个垂直面上还有一些雕饰，虽没有狮子、抱鼓石那样多姿多彩，但也有几分助壮门望的作用。不论是狮子、抱鼓或是方座形的门枕石，它们都是加在原来的石座上而形成的，所以都要比门内的那部分高许多，它们不但成了门前重要的装饰，而且又大大地增强了大门的稳定性。

[上左、右] 石座形门枕石
[下左、右] 圆鼓形门枕石

门枕石实例

山东牟氏庄园的门枕石。前面已经说过的牟氏庄园,规模很大,左右几路,前后三进,对外就有正门、侧门、便门,庄园内各院落之间还有大小的院门。随着这些门的规格和大小的不同,门下的门枕石也各有特色。

首先看庄园的正门。一开间的大门坐落在一米多高的台基之上,中央两扇黑漆大门的两侧立着两座由青石雕成的门枕石。整座门枕石高1.5米,分作上下两层,下层为一整块矩形石座坐落在汉白玉石的底座上。石座上有一层由荷叶组成的基托承托着上层的圆形石鼓。所以应该是属于抱鼓石一类的门枕石。

山东栖霞牟氏庄园正门门枕石

牟氏庄园次门门枕石

牟氏庄园内院门枕石

关于门枕石上的雕刻装饰,在宋《营造法式》所绘的门砧图样上只画了龙纹和植物花草两种纹样,它们都雕在门砧门外那一段的表面。但是实际情况是门枕石上的雕刻题材与内容十分丰富。牟氏庄园正门的门枕石上,从上面的抱鼓到下面的基座,其表面都有雕刻装饰。石鼓的背上,左边雕的是老翁手持鱼杆在垂钓,水中有游动着的鱼和螃蟹;右边雕的是坐着的大汉,露胸挺肚,怡然自得。石鼓向着大门的一面,左右两边雕的都是骑着狮子和马匹的官人和贵人。在石座的正面,左边的雕一只雄狮,头前有绣球,嘴中还含有一颗宝珠;右边的雕一只母狮,胸前还抚爱着一只幼狮。石座向着大门的侧面,左边雕着水中的荷花荷叶,一只仙鹤伫立荷下;右边雕着花叶下一只猫仰头望着飞翔在花上的蝴蝶。以上两幅

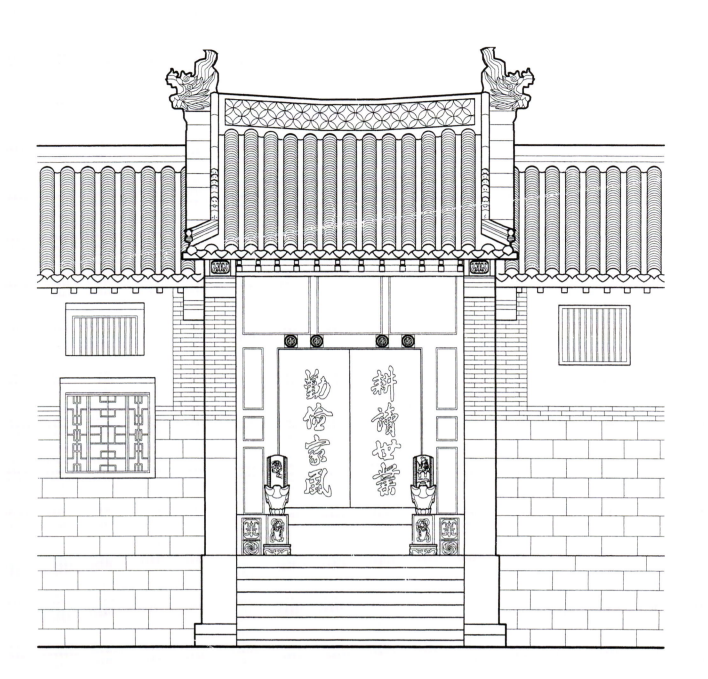

[上] 山东栖霞牟氏庄园正门图
[下] 牟氏庄园正门

壹佰捌拾柒

[上左一、二] 牟氏庄园正门门枕石
[上右一、二] 牟氏庄园正门门枕石局部
[下] 牟氏庄园正门门枕石正面、侧面图

[右上、下] 牟氏庄园正门门枕石基座
[左上、下] 牟氏庄园正门门枕石石鼓局部

[上左、右] 牟氏庄园次门门枕石
[下左、右] 牟氏庄园次门门枕石正面石雕

石刻分别象征着和合二仙[荷与鹤的谐音]与耄耋之年[猫与蝶的谐音]。这座大门的门框之外还有一道余塞板，所以在门枕石和墙之间又加了一块汉白玉石座，座的正面刻着寿字与团花。大门两边的这两座造型端庄又富有象征意义的门枕石和门上四颗华丽的门簪相配，的确使大门增添了庄园的气势。

再看庄园的另一座次要的大门，它采用了方座形的门枕石，一块完整的青石，在装饰上将它分作上下两段，使每一座门枕石的正面与侧面上都各有两幅雕饰画面。在侧面，左右门枕石的上幅都是喜鹊与花卉；下幅都是人物，寿星老手上拿着如意，天上还飞着蝙蝠。在正面，上幅都是博古架上放着插有四季花朵的花瓶；下幅一边是柿子树，另一边是佛手树，所有这些画幅四周都饰以回纹的边框。在门枕石的上面各有一只趴伏在石面上的小狮子。守门的石狮，具有象征意义的柿[仕]、佛手[福]、插花瓶[四季平安]、博古架[博学古今]、如意、蝙蝠[遍福]等等，一对简单的方座门枕石，却也表现出丰富的人文内涵。

至于庄园的众多院门，它们的门枕石自然简单多了，一块方整的石座，正面雕一个"福"或者"寿"等有吉祥意义的字，再把几道边略加修饰。随着门的地位与重要性的不同，它们的门枕石在造型与装饰上也由繁到简地分成几个等级。

北京四合院的门枕石。四合院是指中国古代建筑组合的一种方式，即由四座单幢建筑由四面围合成一个院子，所以称为四合院。这种院落的组合形式不仅限于住宅，古代的宫殿、寺庙、陵墓、祠堂建筑几乎都采用这种形式。单以住宅而论，这种院落的形式也多种多样，北方的四合院，江南的天井院，陕西等地的地下窑洞院，福建的土楼、围陇屋都应该归入合院式住宅类型。公元1264年元朝廷开始规划建造元大都，就在大都城内划出了大片的住宅区，在这些住宅区内由众多的胡同规划出了建造住宅的地段，在这些规整的地段内建造住宅，最适宜的形式就是传统的四合院。由元大都而至明、清的北京，都城的城区经缩小又扩大，中心地区的宫城也得到重建，但胡同和四合院却代代相传，于是，四合院成了北京老住宅的固定形态，四合院成了北京住宅的代名词。至于北京的一些王府，因为都是一连几进院落，有的还左右几路并列，规模很大，它们数量不多，零散地分布在城区，尽管也是合院式的组合，但与大量的一般的普通四合院相比，可以作为另类相称。所以，我们这里介绍的当然是指普通四合院的门枕石。

北京四合院住宅大门门枕石

四合院门枕石的总体造型可以概括为三种类型，即石狮形、抱鼓形与石座形，就是在简单的门枕石石座上再加设狮子或者石鼓或者方整的石座。其中石狮形的较少，绝大多数是抱鼓形和石座形。

抱鼓形门枕石的总体造型是分上下两部分，下层为须弥座，上层为圆形石鼓，二者中间有一层由卷叶组成的托承托住石鼓。须弥座多有上下枋、束腰和圭角几个部分，有的上下枋分别用仰、覆莲瓣装饰，还有一块方形垫布铺在须弥座的表面，所以是造型相当完整的一座基座。座上托的形状是左右两个卷形筒，犹如两个小石鼓，中央凹下正好托住石鼓，它的表面有的还雕出花叶和植物的茎脉作为装饰。上面的圆鼓形象很逼真，圆形的鼓肚，左右都有鼓皮钉钉在上面，连一颗颗钉子头都表现得清清楚楚，只是两面鼓皮上多有雕饰。石鼓上面多数都有守卫大门的石狮子。狮子造型随着门的大小与主人的喜好而不同。有站立在石鼓上的，有蹲的、趴的，有的只在石鼓背上雕出狮子的头。这些狮子有的嘴中还衔有如意带，有的还把这种飘带一直沿着石鼓背延长到须弥座上，飘带左右盘卷，中间有时还有几只嬉戏的小狮子，造型很生动活泼。这种抱鼓形门枕石虽然总体造型相同，但由于高低大小的不同，鼓上狮子的不同姿态，以及石雕饰内容和技法的相异，所以它们的形象也多样而丰富。

石座形门枕石的造型规整，就是在须弥座上再加一座整齐的石座，有的把上下石座混而为一，从上到下成为一块完整的石座。石座之上不少也加有小狮子，石座表面也都有雕刻装饰。这些雕饰或起突较高或用浅浮雕，甚至用接近线雕的技法处理，因此在造型上也多姿多彩，并不感到单调。

综观北京四合院门枕石上的雕饰内容，无论是哪一种类型的都没有离开中国传统的题材。龙，既是中华民族的图腾标记又是封建帝王的象征，所以自明清以来，朝廷明令除皇家建筑以外，其他建筑上不许用龙作装饰。这种禁令到全国各地很难做到，天高皇帝远，所以在许多农村的乡土建筑上一样可以见到各种龙的装饰，但是在北京，朝廷就在眼前，这种禁令自然有效，在四合院的门枕石上的确见不到龙的踪影，而狮子却成了最常见的动物形象。除此之外，还有麒麟、蝙蝠、飞鸟也常见到。在一家门枕石须弥座的垫布上，同样的卷草纹构图，其中分别用马、牛、鹿等几种不同的动物装饰，统一中又富变化。植物中以莲荷、卷草用得最多，另外，如意纹、钱纹、寿字、喜字这些既有吉祥意义又易于构图的纹

北京四合院住宅大门圆鼓形门枕石

样也经常被用在石鼓心、鼓背、鼓托及须弥座的垫布上，有的干脆在石座上刻写出"万事如意""吉星高照"的对联。

山西大院的门枕石。 山西是古代晋商的家乡，晋商走出家门，出外开钱庄，做买卖，足迹遍及全国，在封建社会不甚发达的商品经济领域里成为十分有权势的一派力量。他们在外积累了财富，回故里大兴土木，建造讲究的房宅，如今留下的乔家、祁家、王家等家族大院就是其中的代表。这些宅院不仅规模大，而且建筑质量高，房屋的装修、装饰都十分讲究，从屋顶到墙面，从大门到柱础都充满着精细的木雕、砖雕和石雕，这种精细的装饰自然也表现在门枕石上。

综观几座大院和平遥等古城的大门门枕石，它们的造型如果与北京四合院相比，其最大的特点是既具有传统的式样又不受其限制，无论在总体形象和细部装饰上都创造出不少新颖的形式。

在基座形的门枕石中，有在简单的方座上雕几只嬉戏中的狮子，石座侧面有人物的浮雕装饰。有两层石座叠加，上面蹲伏着一只石狮，石座表面也布满浅浮雕的装饰。更有的石座做成须弥座，须弥座的束腰部分特别往里收缩，而在束腰四个面的中央各雕着一个力士蹲跪在下枋上，用肩扛着上枋。这种力士在比较大的须弥座上能够见到，但都是在束腰的四个转角位置上，所以被称为"角神"，现在竟被放在束腰的中部。更为少见的是在须弥座上雕着一位站立着的武士。一手牵着一只狮子，另外还有一只幼狮趴伏在前面，这是在大门左边的门枕石，右边的门枕石上则是武士左手牵一狮，右手又牵一幼狮，另有绣球在座上，有飘带和狮子相连，这种左有幼狮，右有绣球，完全遵守了门前左母狮右雄狮的传统布置格式。

在石鼓形的门枕石中，除常见的须弥座上放石鼓的形式以外，还有的把石鼓做成了石球，圆形的鼓身成了球体，两面平的鼓面成了突出的石雕装饰，中心还雕出绳索与石座相连，从总体看，石鼓好像变成了一个圆形灯笼被横卧在石座上。在这石球与须弥座之间还有一层包袱状的垫，四个角各露出一只蹲着的小狮子，双足按着一个绣球，四只狮子顶着包袱皮，承托着上面的石球，石球上还雕着三只趴伏着的狮子，所以这一住家的大门口，左右门枕石上，看得见的一共有12只狮子守护着大门。

山西住宅大门门枕石

壹佰玖拾伍

山西住宅大门门枕石

[上] 山西灵石王家大院宅门
[下] 山西五台山庙门门枕石

[上] 陕西西安清真寺大门圆鼓形门枕石
[下] 山西住宅门枕石

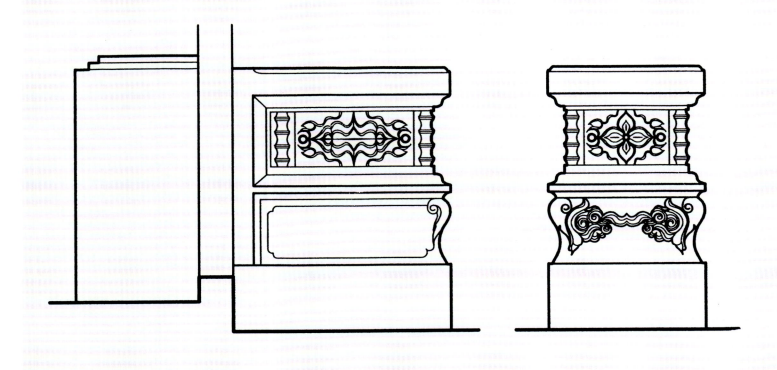
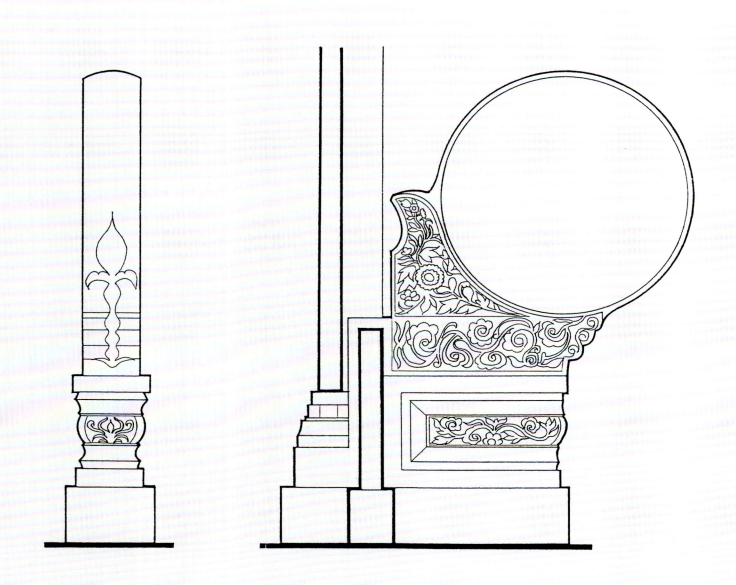

[上] 广东东莞农村祠堂大门门枕石正、侧面图
[下] 浙江武义农村祠堂大门门枕石正、侧面图

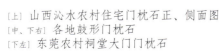

[上] 山西沁水农村住宅门枕石正、侧面图
[中、下右] 各地鼓形门枕石
[下左] 东莞农村祠堂大门门枕石

基座、栏杆、台阶

基座

基座就是建筑或者其他陈列物下面的底座，包括房屋下面的台基、月台、露台、祭台，佛像、狮子、日晷等下面的底座等等。我们这里讲的主要是房屋建筑下面的基座。

中国古代的房屋从原始时代的穴居和巢居发展到建造在地面上的建筑，这是一个很大的进步，这些木结构的房屋为了防止潮湿，增加建筑的坚固性，多选择地势较高之处，或者人工堆筑一个平台，将房屋建造在上面。这类平台都用土筑造，后来发展到砖或石包砌在土的外表，大大地提高了它的坚固耐久性，也增加了平台的美观。越是重要的建筑，这种台基越筑造

山西大同云冈石窟佛座图

得讲究，所以才有"高台榭，美宫室"之称。

基座的形式。综观古代建筑物的基座，它们绝大多数都采用须弥座的形式。须弥原为佛教中的山名，在佛教中，把圣山称为须弥山，须弥山作为佛座象征着佛坐在圣山之上更显神圣与崇高，于是须弥座成了佛像下面固定的基座了。但须弥座原来是什么样子已不可考，我们在山西大同的云冈石窟中可以见到在佛像下面有一种基座，它的形式是上下较宽，中间较细，呈束腰形向里收缩，外形似一个工字。云冈石窟开凿于5世纪的北魏孝文帝时期，是佛教传入中国后的早期能全面反映佛教艺术的宝库，在比云冈石窟稍晚一些时候的河南洛阳龙门石窟的

佛像下也见到这种工字形的基座。此外在甘肃敦煌石窟五代、中唐时期的壁画中也见到这种形式的基座，所以可以认为，这种基座是中国早期须弥座的形式。

公元1103年宋朝廷刊行的《营造法式》上有"殿阶基"的条目，包括文字的说明和两幅不完整的图，梁思成先生据此绘制出了宋代的殿阶基图样。把这个时期留存至今的基座实例和图样一起观察，说明当时须弥座的形式已经相当定型了，有上枋与下枋，有中间缩进的束腰，上下枋都用混枭的形式与束腰相连，束腰上有隔身版柱和壸门等等。1934年梁思成先生在《清式营造则例》里绘制了清代须弥座的标准形式，这种形式不仅从上到下也由上枋、上枭、束腰、下枭、下枋、圭角几

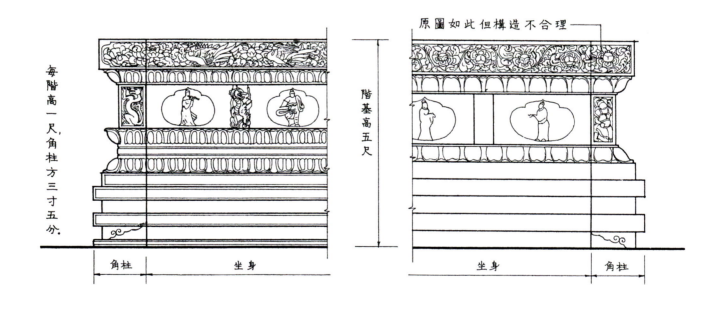

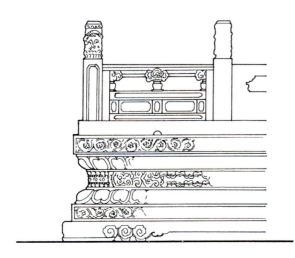

[上]《营造法式》殿阶基图
[下] 清式须弥座图

个固定部分组成,而且每个部分的高低都有规定的尺寸比例。至此,须弥座的形式得到了进一步的规范,它不仅成了重要建筑和佛像下的基座形式,而且也成为月台、祭台、露台和狮子座、日晷座、花台座等等普遍采用的形式。

这种从尺寸到形式比例都被规范化了的须弥座在实际应用中必然会遇到矛盾。有的建筑的基座需要很高,有的陈列物的基座又要很低,这就需要根据具体情况对须弥座的形式和各部分的比例关系做某些修改,或者称为对须弥座形式的变异。北京紫禁城前朝三大殿共同坐落在一座三层的基座上,座高共8米,下面第一层高近3米。如果按此高度将须弥座固定比尺放大,则它的各部分尺寸将会显得很大,现在工匠巧妙地将上枋和下枋各加了一道线条,把它们都上下一分为二,从而使这座须弥座的造型既保持了整体的宏

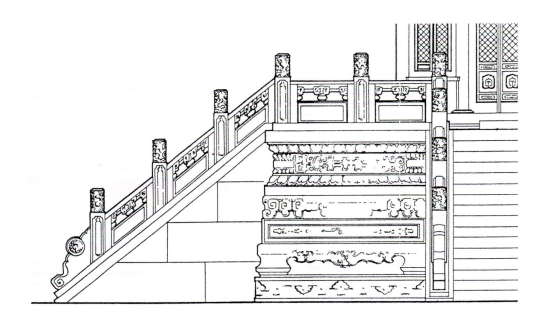

[上] 北京颐和园五方阁铜亭基座图
[下左] 北京紫禁城三大殿台基
[中] 紫禁城日晷基座
[右] 五方阁铜亭基座

伟又不显呆板与笨拙。另一处北京颐和园五方阁的铜亭基座，铜亭不大，但需要基座很高，如果按上面三大殿那样处理，则其宏伟的石座必然与座上精细的铜亭不相配。所以在这里，工匠采取另一种方式，就是把高高的基座分为两段，上面二分之一是一座标准的须弥座，下面的一半由两层枋和一层圭角组成，好比是上部须弥座的一个基座，于是上面须弥座较小的体量，包括座上尺寸比较小的雕饰和座上铜亭的尺寸和谐统一，而整座基座又达到了很大的高度。紫禁城内两座日晷的须弥座面积很小，造型却十分瘦高，工匠都是把束腰部分加高，一座是做成了瓶状，另一座竟将束腰一分为四根方柱，把上枋举得高高地以承托上面日晷的小圆盘。同样，在基座需要很低时，可以采取压缩束腰部分，或者采取取消下枋的办法使须弥座降低高度。总之，把束腰升高或者降低，把某一部分取消，把须弥座的整体或者部分叠加组合都可以使须弥座派生出各种高低的尺寸以满足不同的需要。

清代须弥座雕饰

基座的装饰。基座的每一部分都可以进行装饰。在清式标准的须弥座上，其上枋与下枋上雕刻着连续的卷草纹；在上、下枭部分雕着仰覆莲瓣。这两部分的花纹都是连续的布满全长的边饰。束腰上拐角用植物组成的束柱，其后是绶带，这种绶带有时满铺，有时分段铺设，两头有，如果基座很长，中间再加设一段。圭角部分只在近角处用简单的盘卷形回纹装饰。这些雕饰多用较浅的浮雕技法，近看很华丽，远望不破坏须弥座的整体形象。

但是在各地基座的实例中，并非都是这种标准的装饰形式与统一的技法。它们的装饰从内容到形式都十分丰富多彩。其中变化最多的是在束腰部分，因为束腰可高可矮，有长有短，所以在束腰上的装饰处理可以比较自由。首先是四个角，有的用束柱，有的用动物，称为角兽。一只狮子，蹲坐在下枋上，用背顶着上枋。有的用人物，称为角神。人物或立或蹲跪或坐在下枋之上，用肩顶住上枋，身上的肌肉紧绷，面部五官都显示出用力神态，全身都作负重状，造型十分生动。其次是腰身部分，一般是用束柱将腰身分隔成若干部分，在每一部分中都可以用雕饰。在四川成都王建墓的基座束腰上雕的是手持各种乐器的乐伎，他们端坐在地，仿佛是一支乐队在演奏乐曲，神态都很逼真。北京正觉寺金刚宝座塔的基座束腰上雕的是佛教中的法器，看来这些雕饰内容多与须弥座上建筑的性质相关。《营造法式》殿阶基条目中说：在束腰部分"用隔身版柱，柱内平面作起突壸门造"。隔身版柱就是用以分隔的束柱，壸门是指一幅雕刻四周的边框，边框突出在外，边框之内常设一座佛像或者其他的主题形象。

除束腰以外的其他部分，装饰的变化较少，大多数须弥座还是上、下枋用卷草，上、下

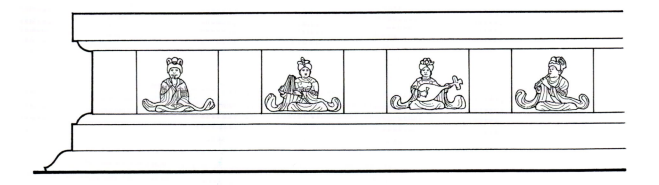

枭用莲瓣，尤其圭角的形象和装饰变化更少，几组回纹雕刻几乎成了定式。当然也有少数须弥座形象比较特殊。北京西黄寺金刚宝座塔最下层的大须弥座，从上枋至圭角，遍体都布满雕饰，长条的上枋用突起的动物、花朵高雕代替了卷草纹的浮雕；加高的束腰部分，在两角神之间充满了佛经内容的雕刻，人物众多，场面宏大。由于这里的须弥座体形大，各部分雕刻处理很细致，雕刻技法有高雕有低雕，所以整体上显得华丽而不繁琐，细腻而不缛重，这种可以称为"盛妆"的基座当然只是少数。

[上左] 须弥座上壸门
[上右] 北京大正觉寺佛塔基座
[中] 四川成都王建墓基座
[下] 须弥座上的角神

[上] 北京紫禁城三大殿台基
[下左] 紫禁城三大殿台基近观
[下右] 北京颐和园殿堂须弥座石雕装饰

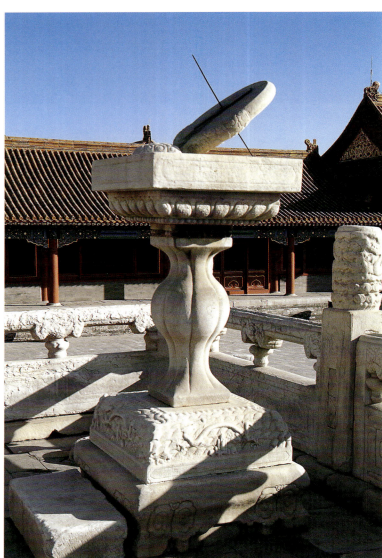 

[上] 北京颐和园殿堂须弥座
[下左] 北京紫禁城日晷基座
[下右] 紫禁城石基座

[上] 紫禁城嘉量石
[下] 紫禁城日晷石

北京西黄寺金刚宝座塔基座

[上] 西黄寺金刚宝座塔基座石雕
[下] 西黄寺金刚宝座塔基座细部

栏杆

栏杆是设置在基座四周或桥面两侧边沿的构筑物，它的功能是防止人从台上或桥上跌落，起保护安全的作用。

栏杆的形式。古代的栏杆，无论是室内还是室外的，最初都是木料制作的。在台面上直立两根小立柱，柱上搭连一条横木，古时称纵木为杆，横木为栏，故谓栏杆。这种早期的栏杆形式如今只能从古代的绘画和出土文物中见到。栏杆在露天经不住日晒雨淋，很容易被损坏，所以逐渐用石料代替木料，以至于石栏杆成了室外栏杆的主要形式。在建筑上，当一种新的材料代替了旧材料去制造某一种构件时，这种构件的形式还会相当程度地保留着原来的形式，例如大门上用砖代替木料制造出门头，但这种砖门头仍保持木门头的形式，有横向的梁枋，上面有斗栱承挑着屋顶，不过这些梁枋、斗栱都是由砖砌造出来的形式，它们只是不像原来木结构那样具有真正的结构作用。石造牌楼代替木牌楼，但在石牌楼上依然有梁、枋、斗栱，屋顶上的瓦、脊、走兽都一应俱全，连梁枋的出头都像木结构那样做成各种植物或动物的形状，而这一切都是由石料雕琢出来的。这种可以称为形式上的惰性现象几乎普遍地存在，只有经过相当一个时期经过人们自觉或不自觉的努力，才能摆脱这种惰性而寻找出适应新材料的新形式。这种情况在栏杆上当然也同样存在，所以我们见到的许多古代石栏杆在形式上都或多或少地仍保持着原来木栏杆的形式。

宋《营造法式》上提供了两种石栏杆的形象，一为重台钩阑，二为单钩阑，钩阑为宋代栏杆的名称。不论是较复杂的还是较简单的宋式石栏杆，它们的基本形式仍保持着木栏杆的形式，这就是两边为直立的望柱，望柱间为栏杆，栏杆最上面为横向的"寻杖"即栏杆扶手，寻杖之下为"蜀柱"，即支撑扶手的小柱，蜀柱在两根望柱之间均匀地分布，然后在蜀柱之间安"华板"，即有装饰花纹的栏板。这种木栏杆的结构形式，现在全部由石料制造或雕琢而成。石栏杆保持了木栏杆那种轻巧的造型，但制作却很费工，直径不大的扶手不能太长，否则很容易折断，所以按石料的性能讲，两根望柱之间的距离不能太长，而这又恰恰不是木结构的形式。栏杆上的透空万字纹，雕琢起来很麻烦，如果做成实心石板又失去了木栏杆那种灵空的造型特征。所以新的材料与旧的形式之间必然会产生矛盾。

清式的石栏杆在这方面有了改进。最显著之处是两根望柱之间的距离大大缩短了，望柱之间只需要一整块石料作成的构件，不过在这块石板上仍保留了扶手、蜀柱和华板的形式，除了把扶手和栏板之间挖空以外，只在石板上用刻线表示出蜀柱与华板的形象，比起宋式栏杆，应该说在形式上更加适应石料本身的特性了。经过不断地实践与发展，在石栏杆的栏板上不再有蜀柱的痕迹了，上面的扶手也不见了，在两根望柱

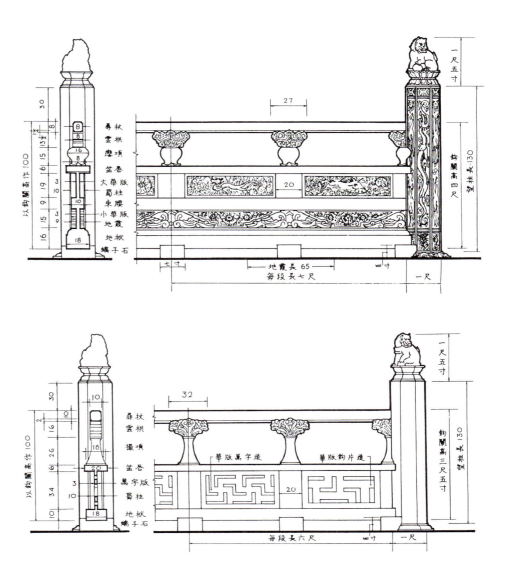

《营造法式》钩阑图

之间夹着一块实心的石板，甚至连望柱也取消，变成单纯地用一块块石板相连的栏杆，它们终于摆脱了木栏杆的形态而寻找到了完全适合于本身特点的新形式。当然这种发展也并不绝对，有相当晚期的石栏杆仍旧保持着木栏杆的式样，仍用石料拼接或者雕琢成玲珑透空的形式。建筑形式的创造有相当大的自由度，既有时代总的特征，又有各地区、各民族的特殊风格，所以某一种形式，即使是官方朝廷制定的形式制度，也不能替代或者杜绝各地区的丰富多样性，石栏杆的形式当然也不例外。

栏杆的装饰。关于栏杆上的装饰，宋《营造法式》在"重台钩阑"条目中说明："重台钩阑……，寻杖下用云栱瘿项，次用盆唇，中用束腰，下施地栿。其盆唇之下，束腰之上，内作剔地起突华板；束腰之下，地栿之上亦如之。单钩阑……，其盆唇地栿之内，作万字，或作压地隐起诸华。"在钩阑的图样中可以看到：望柱头为狮子；望柱身有龙与植物纹样等不同的式样，同时雕法也有高、低浮雕之分；望柱础为莲瓣装饰。栏杆上的瘿项、云栱造型也有两种不同的形式。华板上的装饰更是多样，简单的万字形也有透空与不透空之分。总之，除几条横向的扶手、束腰、地栿等部分之

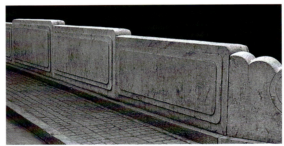

外，栏杆上几乎都有雕刻装饰。各地古代栏杆的实际情况也是这样。

一座庞大的紫禁城，除了前朝三大殿的三层基座四周围着石栏杆以外，其他后宫的乾清宫、御花园的钦安殿、东路宁寿宫的皇极殿，以及太和门、乾清门、宁寿门，连御花园的几座主要亭子、水榭四周都有石栏杆。综观这些栏杆的形式，在统一中又有变化。首先看栏杆的望柱，除了在御花园个别的栏杆望柱以外，都把装饰集中在柱头上，而对柱身只做几道简单的线刻。因为是紫禁城宫殿，所以主要殿堂周围的栏杆柱头都用龙纹雕刻，它们的造型基本相同但在细部上略有变化，龙形柱头排列成行，很有气势。在皇帝生活用殿堂四周的望柱头也有用凤形雕刻的，它们与龙形柱头呈间隔排列。在一些园林建筑或者次要建筑、石桥两侧的栏杆望柱头上则用莲瓣、如意、二十四气纹和狮子等形象作装饰。这

[上左] 清式石栏杆
[上右] 清代仿木结构石栏杆
[下左] 实心栏板石栏杆
[下右] 石板栏杆

些题材有的相互组合，如狮子蹲在莲座上，莲座上加云纹或者如意纹等等，即使用同一题材，但造型也各不相同，因此从总体看，小小望柱头，其形象细看起来也是丰富多彩的。

这里的栏板，有的还保留着木栏杆的形式，上面有云栱瘿项托着扶手，下面还刻划出蜀柱和华板的式样；有的取消了蜀柱与华板的痕迹，成为在扶手下的一块石板；更有的直接在望柱之间安一整块石板，摆脱了木栏杆的式样。石板上的雕刻内容有龙，有鸟兽、花草、青竹，也有几何纹样，按这些栏杆所处的环境和建筑性质而定。清朝晚期慈禧太后两朝垂帘听政，造成了一段特殊的历史。封建王朝的这一段特殊历史也反映在栏杆上。在河北遵化清东陵慈禧的定东陵大殿的栏杆上，出现了凤在前，龙在后，龙追凤的雕刻画面。

北京颐和园有一座连接南湖岛与昆明湖东岸的石桥，共有17个桥拱券洞，俗称"十七孔桥"，这是古代园林中最长的一座石桥，桥两侧各有55块形式相同的栏板，两边加起来共有112个望柱头，在这些柱头上全部雕的都是狮子，立的、蹲的、坐卧的、胸前足下拥有绣球的、抚有幼狮子的，远望这些狮子，它们的造型都相似，而近观则几乎没有一只的神态是相同的。北京宛平卢沟桥上也是这样，两侧栏杆的望柱头上全是石狮子，这些狮子也和昆明湖十七孔桥上的一样，神态各异，而且在它们的足下还踩着、背上还背着小狮，有时胸前、腹下还藏着幼狮，所以才有了"卢沟桥上的狮子数不清"的传说，而且还说"如果数清了，狮子就跑了"。

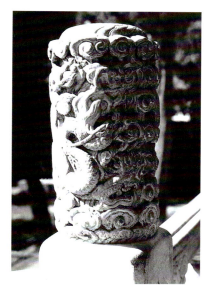

[自上至下]
北京紫禁城宫殿栏杆龙望柱头
紫禁城宫殿栏杆凤望柱头
紫禁城宫殿栏杆莲瓣望柱头
清东陵定东陵石栏杆

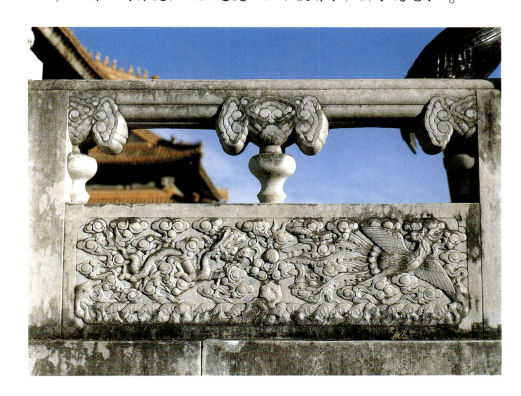

[上] 北京紫禁城皇极殿基座栏杆
[下] 皇极殿基座栏杆近景

贰佰壹拾伍

[上] 紫禁城钦安殿基座石栏杆
[中] 北京颐和园殿堂基座石栏杆
[下] 紫禁城万春亭基座石栏杆

辽宁锦州广济寺大殿前有上下三道石栏杆，在这些石栏杆上不但望柱头的狮子形象生动，而且栏板上的雕刻装饰也形式多样。这里的栏杆由砂石制造，由于石质较松，不适于做大面积的透空雕琢，所以工匠采用浅浮雕为主，在局部小面积用透雕的技法，分别在栏板上雕出琴、磬、钟等乐器，植物花果，蝙蝠、器具等等的形象，四周围以构图相似的夔形拐子纹。望柱头上的狮子，总体造型雷同，连狮头、狮身朝向都一致，但仔细观察，可以发现这些狮子有的闭嘴，有的嘴微张，有的嘴露齿，有的还伸出舌头。正是依靠这些总体造型相同但细部又富变化的栏板和柱头上的装饰，使这里的栏杆显得生动而极富情趣。

[左] 辽宁锦州广济寺石栏杆望柱头(1)、(2)、(3)、(4)
[右上] 广济寺石栏杆
[右下] 广济寺石栏杆栏板(1)、(2)、(3)、(4)、(5)、(6)

栏杆上雕刻装饰的技法也是多种多样。广东广州的陈家祠堂，在各座厅堂的檐柱之间，在正厅月台四周都设有石栏杆，这些栏杆与其他常见栏杆最大的不同是，从上到下连一般不设装饰的扶手和地栿上都布满雕饰。扶手上是蝙蝠叼线纹、夔龙对峙，栏板上有人物群像或者山林中的兽群，地栿上也是双龙戏珠和植物花草，而且这些雕饰都用起伏很大的高浮雕。一座广东地区陈姓家族的总祠堂自然要通过它的建筑来显示家族的经济实力与政治上的权势，这些琳琅满目的、堆砌的雕刻装饰固然显示了陈氏家族的势力与地位，但从艺术上讲，毕竟是不成功的。

辽宁沈阳故宫是清朝未入关之前的皇家宫殿，在宫内主要大殿大政殿台基周围的石栏杆也是这样从望柱头到柱身，从扶手到地栿都布满雕饰，植物、花卉、卷草、莲瓣的纹样，突起的高浮雕，其风格与陈家祠堂的栏杆十分相似。

栏杆装饰也有很细腻的，安徽歙县有几处寺庙、祠堂的石栏杆就是这样。两根望柱之间是一整块方整的石板，石板四周用简单的回纹作边饰，边框里有的雕着两只麒麟和灵芝纹，麒麟身体盘曲，尾部延长成飘带与灵芝交织在一起，组成为一幅极富动态的画面，由于每一块栏板上的麒麟姿态均不相同，因此栏杆的总体装饰既统一又有变化。另一处的栏板上雕的是万字纹作底，中央有两小幅植物枝叶的装饰，四个角为如意纹，构图简洁，由于小幅植物纹饰的变化，也达到统一中有变化的效果。这两处雕饰都采用减地平钑的浅雕技法，因此装饰显得很细腻。

辽宁沈阳故宫大政殿台基石栏杆

也有在一座栏杆上同时用几种雕刻技法而达到好效果的。紫禁城御花园里钦安殿台基上的栏杆，用汉白玉石制造，因为这种汉白玉质地精良，加以钦安殿地处御花园尽端，保护得较好，栏杆至今保存完整。栏板上中央部分雕的是两条龙，一前一后在花丛中追逐，前面的龙还回首望着后面的龙，用比较高突的浮雕，形象很突出。而在栏板四周都用很浅的浮雕雕出连续卷草纹作边饰。整幅栏杆画面主题突出，层次分明，装饰效果显明，但又十分细腻。

在一些重要的建筑如宫殿、陵墓、坛庙等皇家建筑上，在栏杆与台基之间，位于栏杆望柱之下有一种称为"螭首"的构件，形状为一个兽头，传说中无角之龙称螭，螭之首常用作装饰，并列为龙生九子之一。在栏杆下之螭首瞪着双眼，鼻子向上翻卷，嘴上开一小孔直通台基表面，作排吐基座上积水之用，但圆孔太小，吐水不畅，后来多在栏杆地栿下直接开一排水孔，而螭首则变成基座上一种特有的装饰构件了。

紫禁城钦安殿台基石栏杆栏板

[上]、[中]、[下] 辽宁沈阳清代皇陵石栏杆
[右页上] 广东广州陈家祠堂厅堂石栏杆
[右页下] 陈家祠堂月台石栏杆

贰佰壹拾捌

[上]、[下] 安徽呈坎罗氏宗祠石栏杆

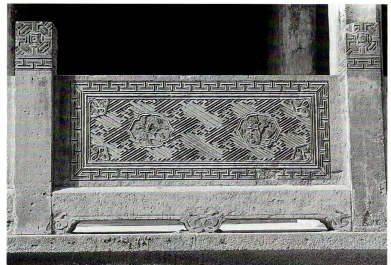

[上]、[中] 安徽呈坎罗氏宗祠石栏杆
[下] 山西榆次常家庄园石栏杆

[左页] 紫禁城宫殿石栏杆龙、凤雕刻柱头
[右页] 北京紫禁城御花园石栏杆柱头石狮

[上] 北京颐和园十七孔桥石栏杆
[下] 颐和园十七孔桥石栏杆石狮子柱头

贰佰贰拾肆

[上左] 颐和园石栏杆上的莲瓣柱头
[上右] 颐和园十七孔桥石栏杆
[中]、[下] 颐和园十七孔桥石栏杆石狮子柱头

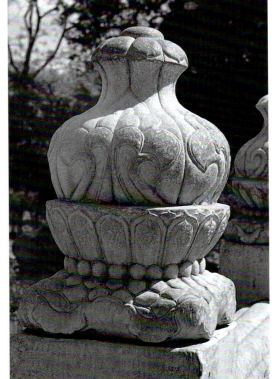

北京紫禁城御花园石栏杆柱头
[左上] 云气纹
[左中] 花卉纹
[左下] 竹节纹
[右上] 莲瓣纹
[右中] 如意纹
[右下] 莲瓣纹

[上] 紫禁城三大殿台基螭首
[下] 三大殿台基螭首

台阶

台阶专供上下台基之用。台阶由一步步踏步组成，并在踏步两边用垂带石作边，如果台基太高，则在台阶两侧还设防护用的栏杆。

踏步的宽度视建筑大小而定，在宫殿、坛庙等皇家建筑中，台阶上还有专供皇帝上下用的"御道"，御道设在台阶的中央部分，但不设踏步而只是一段斜置的石板，上面多雕刻着龙纹。当然皇帝并不能在这样的御道上面行走，而是坐在轿子上，由轿夫抬着经御道腾空而上下。北京紫禁城太和殿前面和保和殿之后都有一条御道，其中最大的一块御道石长约17米，宽约3米，重达200余吨，石面上雕着九条龙游弋于云水之间。紫禁城乾清宫为皇帝皇后共同起居之地，宫前御道石上则雕着龙和凤的形象。

一般台阶的踏步和垂带上多不作雕饰，但在太和殿、保和殿这样重要大殿的台阶踏步和垂带上都布满雕饰，有狮子、马等动物和各类植物花纹，当然都用的是很浅的浮雕以便于行走。

[左] 北京颐和园大殿台阶
[右] 北京天坛祈年殿台阶御道

台阶两侧如果有防护的栏杆，则它们的形式和台基上的栏杆相同，所不同的只是望柱之间的栏板为斜方形，其斜度与台阶相同。这种护栏由台基上沿着台阶而至地面，在护栏最下面的一根望柱由于受到上面栏杆的推力而需要有一种构件加以固定，这种构件就是通常见到的"抱鼓石"。其形状为一圆形石鼓，上下由曲面相连立于台阶两侧垂带之上，紧靠望柱之外，对望柱起稳定的作用。抱鼓石很接近人的视点，所以往往成了装饰的重要部位，不仅抱鼓石本身的总体形象多种多样，而且上面可以满布各类纹饰。在有的台阶上，也可以见到用石狮子代替抱鼓石对望柱起稳定作用的。狮子蹲立于须弥座上，背靠望柱，分列左右，同时还起到守护的作用。

在山西比较讲究的住宅里，还见到台阶两侧的垂带上有一种特殊的装饰。它与栏杆一样起着防护的作用，但不是栏杆的形式。它常常用抱鼓石，但又不是立在栏杆前那样的抱鼓石。这里的鼓石有时不止一个，而是多个鼓石，用回纹、飘带相连，斜卧在台阶两侧的垂带石上。鼓石上还雕着狮子，有的上下几只，相互嬉戏，形象很生动。可以说这是一组长条带状的石雕，放在垂带上起防护作用，但它没有栏杆那么高，而且又无规定的式样。石鼓、回纹、狮子，从形象到组合都十分自由，因此在造型上比栏杆活泼，由于它的位置多在住宅的正房、厅堂的阶前，所以成了庭院中很引人注目的一处装饰。

[上] 北京紫禁城宫殿台阶雕饰
[下左] 石台阶垂带上的雕龙
[下右] 石台阶垂带上的圆鼓与狮子

[上] 河北清西陵慕陵丹陛石
[下] 河北清东陵景妃陵丹陛石
[右] 河北清东陵慈禧墓丹陛石

贰佰叁拾

﹝上﹞北京紫禁城三大殿台阶御道
﹝下﹞辽宁沈阳清皇陵大殿台阶雕饰

[上]、[下] 紫禁城宫殿台阶石雕装饰

[上] 广东广州陈家祠堂台阶垂带位置上的装饰
[下] 山西住宅台阶垂带上的装饰

［上］河北遵化清东陵殿堂龙、凤雕刻的台阶抱鼓石
［下］云南昆明寺庙麒麟、花卉雕刻的台阶抱鼓石

石柱础

北京周口店的"北京人"远在10万至20万年之前就用石料当作武器与工具去获得自己的生活资料，但是中国古人将石料用在建筑上却要晚得多。根据现在已经发现的实物验证，在新石器时代，约一万年至四千年前的仰韶文化与龙山文化之间的住房遗迹上，发现在房屋内部的木柱子下面有扁平砾石做的柱础，它们的作用一是可使柱子落在比土地更为坚实的石料上，二是避免土地的潮湿直接侵袭木柱。河南安阳是古代商朝首都所在地，考古学家在这里的宫室遗址上发现许多房屋的基础上都残留着排列成行的石柱础，这些础石多选用直径15-30厘米的天然卵石，而且以卵石比较平的一面朝上承托木柱。这说明当时工匠在木柱子下面应用石柱础已经成自觉的行为了。秦、汉两代王朝都在咸阳、长安建立了庞大的都城和宫殿建筑群，东汉班固在《两都赋》中描写当时长安汉宫建筑是"雕玉磶以居楹"；张衡在《西京赋》中也有"雕楹玉磶，绣栭云楣"的描绘，磶和磌都是柱下础石的称呼，可见当时已经有白石做的柱础了。从当时的铜器、玉器的工艺水平和留存下来的大量陶瓦精美的装饰来看，白石柱础上附有雕饰也是极有可能的，可惜目前还没有发现那个时期真正宫殿上的柱础。不过有两件实物是颇有价值的，一件是位于北京郊区的东汉秦君墓前神道石柱，柱下是一块矩形石础，石础上雕着两只老虎围着石柱作相互追逐状，形象很生动。另一件是汉墓中出土的一块柱础石，石上雕一只老虎盘身围绕石柱，方整的虎头长长的虎尾十分有力度，总体造型简练，但却表现出了老虎勇猛的神态。老虎是中国土生土长的野兽，但很早就被当作一种神兽，与龙、凤、龟并列合称为四神兽。它们的形象被用在秦汉时期的瓦当上成为当时宫殿等重要建筑上的用瓦。汉墓的画像砖和画像石上也多有虎的形象，所以这时期的柱础上用虎作装饰当是情理中事。此外，在山东沂南等地的汉代石墓中也可以见到石柱下的柱础，八角形或圆形的柱子，下面有覆盆形或覆斗形的柱础，而且有的柱础上还有雕刻的花纹。所以可以说，这个时期的柱础从外形到础石的表面都已经有了美的加工，使柱础不仅有物质上的功能而且同时也具有艺术的表现力。

[上] 山西大同北魏司马金龙墓帐柱础

两晋、南北朝时期，留存到现在的有南京梁萧景墓的墓表，在这座石制墓表柱下有方形的石柱础，础石上雕有两只螭，头对头、尾接尾地环抱着柱身，形态与汉代秦君神道柱下的虎十分相像。山西大同北魏时期的司马金龙墓帐柱下的石跌，满雕着动物与植物的装饰，从中可以见到当时柱础上的雕饰已经很丰富了。唐朝是中国封建社会的盛期，中国的建筑也发展到一个高峰，但遗憾的是这个时期遗留至今的建筑却十分稀少，木结构的建筑只有山西五台山的南禅寺和佛光寺大殿两座，而且这两座也都是当时极普通的佛教寺庙，远不能代表那个时期的建筑实践。我们只能见到佛光寺大殿木柱子下面用的是莲瓣形柱础。另外，陕西西安大雁塔门楣石刻中和江苏南京栖霞寺舍利塔的基座上都见到这种莲花瓣的装饰。可见莲瓣柱础可能是当时很流行的形式，尤其佛教以莲花为喻，所以在佛教的寺庙与佛塔上更喜欢用莲花作装饰。

宋朝《营造法式》对柱础有专门的规定。在《营造

[下左] 汉墓中虎形柱础
[下右] 南京梁萧景墓表石柱础

法式》卷三的《柱础》条目中有："造柱础之制：其方倍柱之径。……若造覆盆，每方一尺，覆盆高一寸；每覆盆高一寸，盆唇厚一分。如仰覆莲华，其高加覆盆一倍。"法式总结了当时众多建筑柱础的做法，在这里规定了柱础的形制，包括柱础的大小、厚度和覆盆、盆唇等各部分的尺寸。其实，从结构功能上看，柱础上的覆盆与盆唇部分并不需要，它们只是柱身和方形础石之间的过渡，但加了这一层覆盆和盆唇，可以在视觉上不感到生硬与突然，使柱础这一部分的造型更显细致而完美，而且正是这一层覆盆又成了柱础上雕刻装饰的重点。

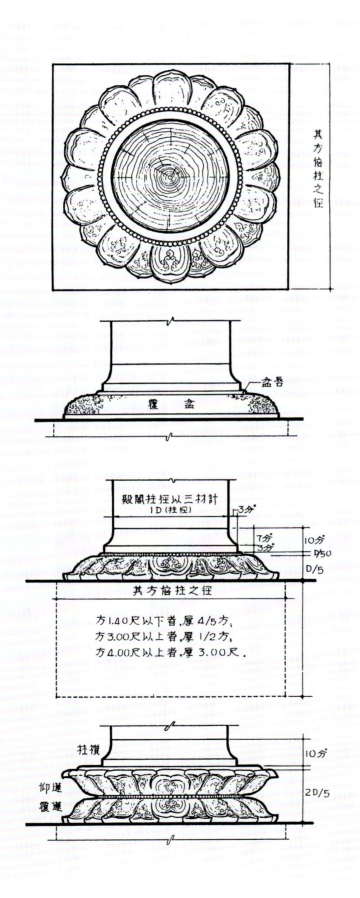

《营造法式》柱础图

关于柱础上的雕饰，在《营造法式》石作制度的《造作次序》条目中也有规定："其所造华文制度有十一品：一曰海石榴华；二曰宝相华；三曰牡丹华；四曰蕙草；五曰云文；六曰水浪；七曰宝山；八曰宝阶；九曰铺地莲华；十曰仰覆莲华；十一曰宝装莲华。或于华文之内，间以龙凤狮兽及化生之类者，随其所宜分布用之。"这里讲的是雕饰的内容，在雕法工艺上也有相应的规定："如素平及覆盆，用减地平钑、压地隐起华、剔地起突；亦有施减地平钑及压地隐起于莲华瓣上者，谓之宝装莲华。"

法式中所说的十多种雕饰花纹和多种高雕、浅雕技法，我们在宋、辽、金这个时期留存下来的柱础上几乎都

牡丹及化生柱础

可以见到。其中以牡丹花和莲花见得最多，尤其是莲花，有用莲瓣以浅浮雕手法雕在覆盆上的，有把整座覆盆做成莲花瓣形式称为"铺地莲华"的，有把两层莲瓣一仰一覆上下相叠而成"仰覆莲华"的，有在莲花瓣上再加雕饰而成"宝装莲华"的。

元、明、清各代留存至今的建筑很多，自然它们的柱础也更多，下面将从柱础的外形和柱础上的装饰两个方面分别论述。

[左] 铺地莲花柱础
[中] 仰覆莲花柱础
[右] 宝装莲花柱础

柱础的形式

中国自古以来，国土辽阔，各地区的地理环境、物质资源、经济水平、技术条件均不相同，又加之长期处于封建社会，不仅对外闭关自守，而且各地区之间的信息交流也不发达，因此在建筑技艺上各地很难同步发展，很容易形成各地区、各民族自身的传统与地方特征。这种特征在建筑的整体形象和局部做法上都有表现，以建筑上的一个局部柱础来说也是这样。宋《营造法式》上所说的柱础形制虽然是那一个时期柱础的归纳和总结，但它代表的可以说主要是宫殿等重要建筑柱础的形制，或者说主要是官式建筑柱础的形制。全国各地，从城市到乡村，从北方到南方，从中原到边疆，在各类建筑上的柱础何止千万，它们的形制自然远远地超出了法式所规范的范围。那么，在这千姿百态的柱础中，它们的形式是否有共同点，是否也可以归纳为若干类别呢？

柱础的主要物质功能一是将柱子所承载的房屋重量传递到地面，二是隔绝土地中潮气侵蚀木柱。因此需要柱础的面积比柱子大，以便于将载重比较均匀地传递下去，把潮湿隔绝于础石之下。所以法式上"造柱础之制"的第一句话就是"其方倍柱之径"。这种在功能上要求柱础大于立柱的做法，在视觉上也形成稳定与稳重之感，自然山体上小下大，所以产生了"稳如泰山"的概念。这样一来，柱础面积大于柱子就成了所有柱础的共同特征。在这个前题下，如何把柱子和柱础石很好地连接在一起，使它们两者之间接合得自然而妥帖，这就产生了各种连接的方法与形式。从大量的实例中可以发现以下几种形式是常用的。

[一] 覆盆式：盆的形式是上大下小，即盆口大于盆底，这是人们常见和习惯了的形式，现在让它的盆底朝上盆口覆在下面成了上小下大，正好把较小的柱子过渡到较大的柱础石上，这就是覆盆式，就是法式中规定的形式，也是柱础中最常用的形式。

[二] 覆斗式：斗栱是中国木结构建筑上的一种特殊构件，在一组斗栱的最下面是一只坐斗，它的形式是方形，如古时量米的量器斗一样，上大下小，以便将上面屋顶的重量集中传递到立柱或者梁枋上。现在把这种斗倒置，变成上小下大，像覆盆一样，正好把柱子过渡到柱础石上，这就是覆斗式。它的平面形式随立柱形式而定，可圆可方，也有呈八角形的。

[上] 素覆盆式柱础
[下] 圆鼓式柱础

[三]圆鼓式：鼓为圆形，上下鼓面较小，中间的鼓肚向外突出，把这种圆鼓用作柱础，从上面看，立柱放在鼓上，从鼓面到鼓肚，从小到大，有稳定感，但在柱础的下半部，又从鼓肚到下面的鼓面，由大到小，又显得轻巧。所以比起覆盆与覆斗式，这种圆鼓式柱础从整体造型上既不失稳定又显得秀气。

[四]基座式：无论是建筑下面的基座，还是影壁、华表、石狮下面的基座，作为座，总要比它上面承托的主体要大。因此以基座作柱础也是常见的一种形式。为了求得造型上既稳定又不显笨拙，经常采用须弥座的形式，座的上下有枋，中间为缩进去的束腰部分，形象比较端庄。

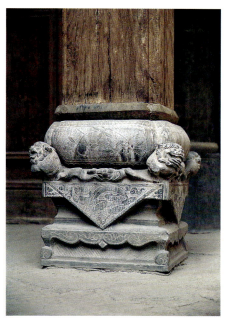

[上] 圆鼓加基座式柱础
[中] 基座式柱础
[下] 圆鼓加覆斗式柱础

在众多的柱础实例中，可以见到以上几种类型的柱础，但大量的还是这几种形式的组合。圆鼓与覆盆、覆斗的组合，基座与覆斗的组合等等，组合的形式很自由，因而柱础的形象更加丰富多彩。

有一种柱础的造型违背了柱础大于柱子的常规，反而比柱子小，这就是广东地区的柱础。广州的陈家祠堂可以说集建筑装饰之大成，它的柱础也是出奇制胜，其外形超出常规，无论是圆是方，平面都小于柱径。祠堂大门门廊的檐柱为方形石柱，柱下有方形须弥座形柱础。须弥座的束腰缩得很小，比柱径小许多，为了避免不稳定感，又在束腰的四面挑出一片方石，座下的主角部分有浅雕花饰，一根高高的石柱就立在这样的础石之上，给人以空透灵秀之感。祠中厅堂的柱多为圆木柱，柱下亦为圆座形柱础，从它们的总体造型看，也应属须弥座式，即上下有枋，中为束腰，不过这些枋多作了变形处理，加工成锐角斜边形，枋上附加圆钉、瓜果等装饰。这些柱础的共同特点就是束腰部分很细，比柱径小许多，而且在木柱的底部都加了一层直径比柱子大的圆盆形柱櫍，它的形状与《营造法式》所示不同，其上部与柱底相接，中部圆盘比柱径大，但其下部又缩小直径而与下面的石柱础相连。如果把柱櫍和柱础当作一个整体，它们相当于两座须弥座上下相叠，上座的下枋也是下座的上枋，中间有两层束腰，它们的直径都比柱径小，而且下层束腰又更比上层束腰细小。因此在整体造型上是高大的柱子立在极为清秀的柱础之上，柱子上的荷重只能通过柱础中央很小的轴心部分传递到地面，人们不得不惊叹设计之巧妙和施工之精确。这种柱础在广东各地的祠堂等公共建筑里也多见到，它已经成为这个地区有特色的传统形式了。

广东广州陈家祠堂柱础

柱础的装饰

柱础本身很小，但由于它起着承托立柱的重要作用，它的位置又在容易使人注目之处，再加以石料易于雕饰，所以柱础成了建筑上重点装饰的部位。

宋《营造法式》中所列举的十多种石雕装饰纹样是泛指所有部位的石雕装饰，但是在小小的柱础上也能见到这些内容。"或于华文之内，间以龙凤狮兽及化生之类者，随其所宜，分布用之"。在柱础上，不仅于华文之内间用兽纹，而且还有专门雕刻双龙戏珠，狮子耍绣球的，其他麒麟、老虎、鹿之类或单个或成双成群都能见到。江苏苏州罗汉院残留的宋代柱础石上有化生的形象，在牡丹花中有一孩儿像。化生是佛教教义中所指四生之一，即胎生、卵生、化生、湿生，其中化生是无所依托，忽然而生，十分纯净。这种题材多见于佛寺建筑的装饰里。

在植物纹饰里，荷花用得最多。荷花盛开时，花瓣围着中心的莲蓬而四面张开，这种形状很适宜用在柱础上，围着中央的柱子，四面铺设花瓣。同时，荷花瓣造型比较单纯，易于图案和程式化。再加以荷莲又具纯洁、清净的象征喻意，所以这种莲瓣纹饰被广泛地用在柱础上，平铺的、卷覆的、直立的、单层的、多层叠加的以及花瓣上再加雕刻的等等，一种单纯的花瓣被演化、衍生为丰富多彩的形态。

如意纹也是一种既有美好喻意又适宜多种构图的纹饰。它可以连续使用成为带状的边饰，也可以成为独立的花饰，构图自由，使用方便。

福建永安市槐南乡有一座安贞堡，这是一座有300余间房间的大型住宅，

须弥座式柱础

多角盆形柱础

[上]、[下] 如意纹装饰的柱础

在这所住宅中心厅堂里立着六根粗大的木柱，木柱下面有八角形的柱础。厅堂坐落在约1.5米高的台基上，人站在天井里，这些石柱几乎就在眼前，于是，柱础自然成了厅堂中装饰的重点。一排檐柱的柱础是八角形的须弥座，上枋大而下枋小，中间为束腰。就一个柱础来看上枋的八个直面分别雕的是人物、动物、植物，其中有凤凰与麒麟，莲荷与野鸭，梅花与喜鹊，主仆出游等内容的场面。在束腰的八个面上分别雕着琴、棋、书、画和它们之间隔着的四幅花草。在上枋的水平面上用如意纹装饰，下枋的斜面上分别用蝙蝠和蝴蝶相间地分布在八角。在雕刻技法上，上枋用较深浮雕，束腰用较浅浮雕，而在上下枋的水平面上只用很平的雕刻显出花饰。可以看出，在小小的一个柱础上，工匠也要根据人的视点远近与视角的方向，分别采用不同的内容与表现技法，使装饰有主次之分从而取得比较好的总体效果。在同一座厅堂里的金柱下面却用了圆形的座形柱础，它的造型与檐柱的八角柱础一样，上下枋中间有束腰。上枋的垂直面分作四面，分别雕着人物和树木花叶各二幅，四幅雕饰之间用寿字纹相隔。束腰上用连续的万字纹装饰。上枋的水平面上雕着卷草纹，很显然，由于檐柱与金柱的位置不同，檐柱在外，金柱在里，光线的明暗也有区别，因此柱础装饰的讲究程度也有高低之分。

在以礼治国的中国封建社会里，等级制度可以说是礼制的中心，这种等级制度不仅表现在建筑的整体形象上，同样也表现在建筑的装饰里，连小小的柱础也不例外。一座寺庙或者祠堂，甚至在一所比较大的住宅里位于中轴线上的主要厅堂的柱础要比两边厢房的柱础讲究，在同一座厅堂里，外檐柱的柱础比内金柱的柱础讲究；如果是供祭祖先牌位的厅堂，那么在祭台前的柱子柱础比其他的柱础讲究；这种讲究既表现在柱础的大小，也表现在柱础装饰的程度上。

山西省沁水县有一座很小的村庄西文兴村，村里有一座明代建的关帝庙和两幢清代建的住宅司马第与中宪第。关帝庙不大，一座大殿面对着一座戏台，两边是厢房，庙门口有门廊，就在这几处地方的柱础也分了几个等级。最主要的是大殿檐廊的柱础，八角形覆盆上加了一层圆鼓，覆盆与圆鼓表面都有如意纹与卷草纹的雕饰；其次是戏台角柱的柱础，雕花香炉腿上还有两层石座，也可以看作是一个简化了的须弥座形；再其次是大门柱廊的柱础，素覆盆上加了一层花瓣形圆鼓；最简单的是两边厢房、耳房的柱础，素覆盆上加素圆鼓。在两幢住宅里也是这样，轴线上正房的柱础装饰讲究，香炉几腿上架着须弥座，座上的束腰压缩成一道线，在上、下枋和几腿上布满雕饰，四个角上用石雕的兽头张嘴衔着几腿足，整座柱础十分华丽。而在两边的厢房和轴线上的倒座房上，它们的柱础在造型与装饰上都比正房的简单。几腿或者覆盆上只有一层圆鼓，在表面或有装饰或用简洁的线脚加以美化。一座房屋的柱础也成了表现封建等级的一种手段。

各地建筑上柱础式样之多，有的很难将它们的形式简单地归入某一种类别。覆盆、圆鼓、须弥座相互叠加、变异，从而产生出许多造型复杂的、雕饰繁多的柱础，而且尺寸也越来越高大，它们并列在一排排柱子的下面，成为显示主人财富与理念的一种石雕艺术品了。

福建永安安贞堡厅堂柱础展开图

[左右页] 安贞堡厅堂柱础

[上] 安贞堡厅堂柱础展开图
[下] 安贞堡厅堂柱础细部
[右页] 安贞堡厅堂柱础

贰佰肆拾捌

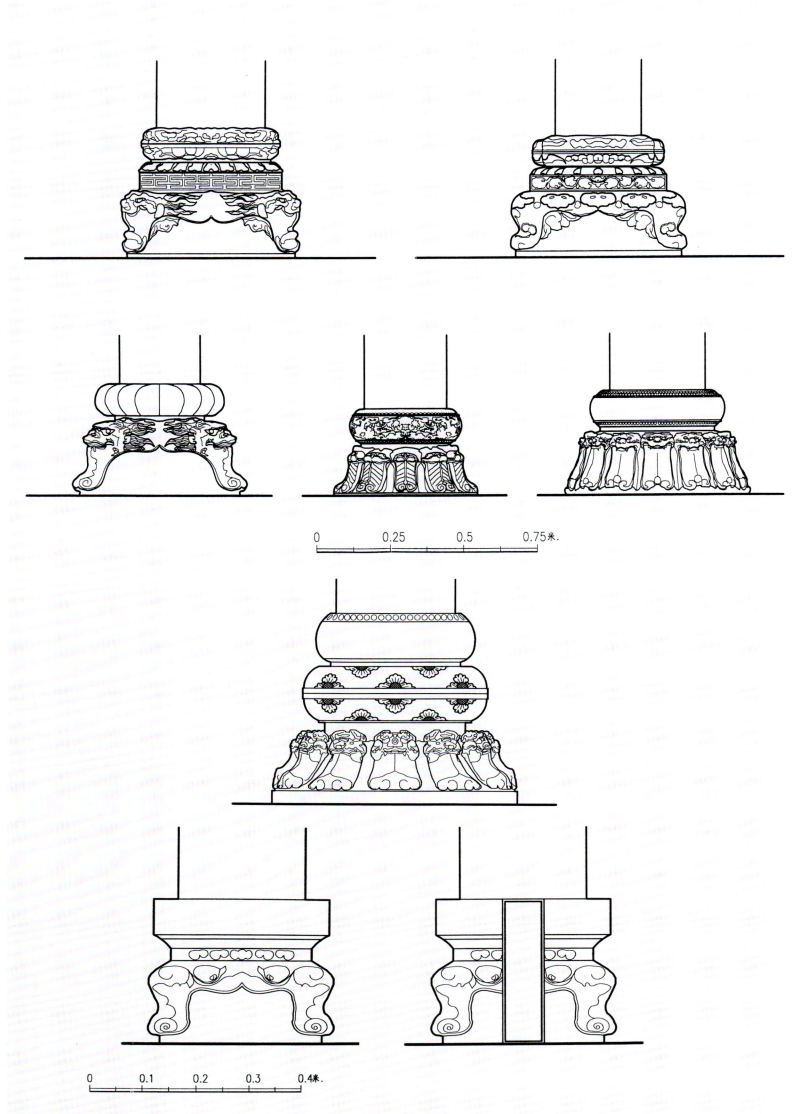

山西沁水西文兴村住宅柱础图

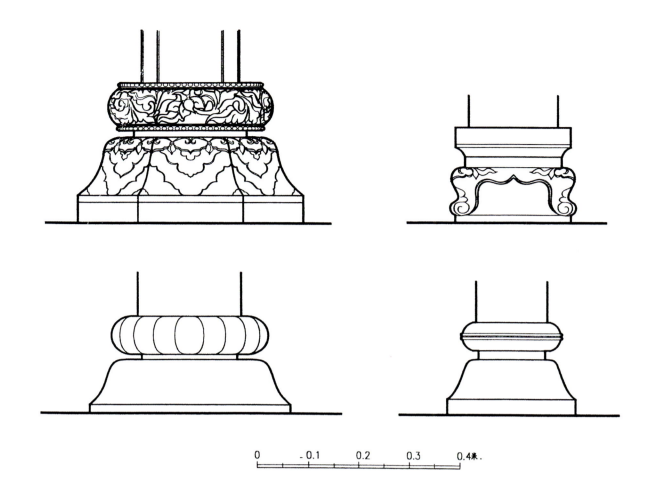

西文兴村关帝庙柱础图

[上]、[中] 西文兴村关帝庙柱础
[下] 西文兴村住宅柱础

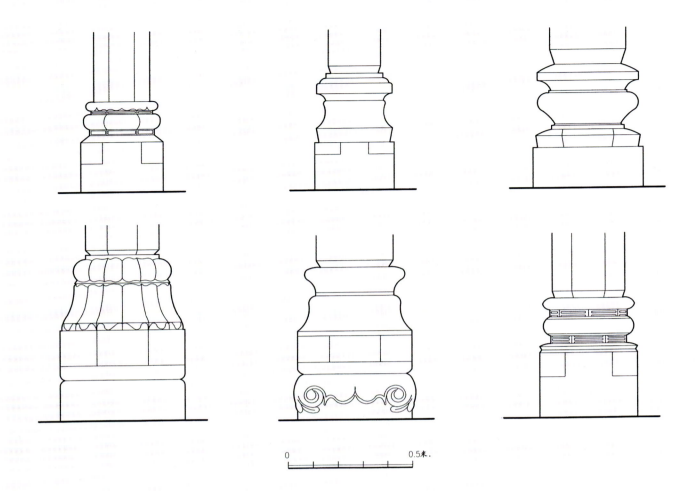

[上] 广东东莞农村祠堂柱础图
[下] 广东广州陈家祠堂柱础

[上]、[下] 山西住宅圆鼓加须弥座式柱础
[中] 山西住宅须弥座式柱础

山西住宅柱础

贰佰伍拾肆

贰佰伍拾伍

圆鼓式柱础

圆鼓、须弥座加栏杆复合式柱础

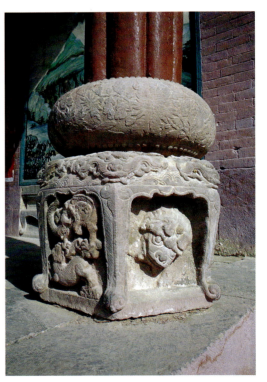

圆鼓、几座式柱础

狮座柱础

[上] 象座柱础
[下] 圆座柱础

[上] 八角座柱礎
[下] 圓座柱礎

石碑

古代石碑的主要功能是记事、记人或者题名。寺庙里的石碑刻记与庙有关的事迹，包括寺庙的性质，建庙的经过，寺庙的兴衰，甚至还有为修庙出钱出力的人名等等。农村祠堂里的石碑刻记着这座祠堂所属家族的历史，修建祠堂的状况、祠堂的规模等等。四川成都武侯祠内有一块武侯祠堂碑，碑文记载了蜀国丞相诸葛亮的一生功德。北京颐和园万寿山前的半山腰上竖立着一块石碑，正面有清朝乾隆皇帝书写的"万寿山昆明湖"题字，背面刻记着修建清漪园[颐和园原名]的过程，所以它不仅是一块题名碑，同时也是记事碑。

这些石碑除了少数嵌在寺庙、祠堂等建筑的墙上成了建筑的一部分以外，它们大多数都独立存在而成为建筑群体的一个单体，由于石碑的体量比较小，因此它与华表、石狮、影壁一样，被称为小品建筑。

在有的建筑群中，石碑具有比较重要的作用。例如北京明十三陵、河北遵化清东陵、河北易县清西陵，在这些皇家陵墓建筑中，石碑成了一座皇陵的记事碑和题名碑。在明代十三座皇陵中，在陵墓建筑群的最前面都有一座"神功圣德碑"或"神道碑"，碑上刻记着在这里安葬的皇帝的"神功圣德"事迹。在陵墓最后的宝顶前面有一座"方城明楼"，楼上也立着一块石碑，碑上刻着安葬在这座陵墓中的皇帝姓名，例如，明长陵碑上刻的是"大明成祖文皇帝之陵"；明定陵石碑上刻的是"神宗显皇帝之陵"。因为这类石碑的意义重大，所以一前一后都位于皇陵建筑群的中轴线上，而且还专门建造了亭或楼保护它们。前面的石碑立在一座亭子内，称为碑亭。亭呈方形，四面有门洞，上为重檐歇山屋顶。有的在碑亭外四角立着四座华表，更增添了这座石碑的气势。后面的石碑立在一座方形的楼上，楼下为砖筑城门座，城座上建有重檐歇山顶的碑亭，故称"方城明楼"，它位于帝王地下墓室的宝顶之前，相当于普通坟墓墓碑的位置。

有些寺庙，由于历史悠久，记载这座寺庙经历的石碑也不止少量几块。例如，山东泰安泰山下的岱庙，这是历代封建皇帝祭拜泰山，举行封禅大典的地方，传说始建于秦汉，如今庙内建筑虽多为明清时期所建，但自古留下的石碑却多达150余座，其中有珍贵的泰山秦碑，刻有唐代诗人杜甫名诗"望岳诗"的"望岳碑"等；陕西省西安市有一片碑林，这是集中保存历代石碑的地方，早在唐代末期就开始建立，至宋元祐五年[1090年]，又将唐代开成年间镌刻的石经碑刻集中到这里，还为它们建造了专门存放的建筑。经过历代的陆续经营，至今保存有自汉、魏以来至明、清各朝代的石碑共2300余座，成为全国最大的石碑集中地，一座名副其实的石碑之林。北京有一座大正觉寺，建于明代，寺内建筑已毁，但保留着一座建于明永乐年间的金刚宝座式佛塔。近些年，北京市文物单位利用这座寺庙，在这里建立了"石刻博物馆"，将散落在北京各处的石碑移至寺中集中陈列保管，如今已达百余座，并在寺内举办石刻艺术展览，成为北京研究石刻艺术的一座小"石碑林"。

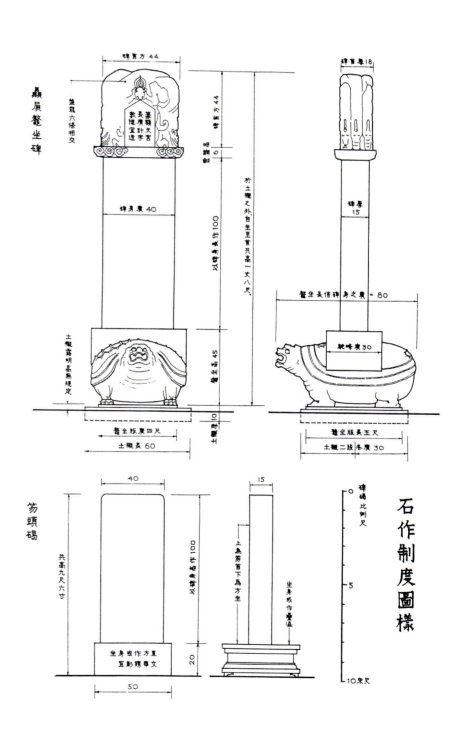

《营造法式》石碑图

石碑的造型

石碑是一件独立的小品建筑，因此它具有本身的造型。在宋朝《营造法式》中有专门讲述石碑和石碣制度的部分，对碑和碣的造型都有十分清楚的说明。其中第一种称为"鳌坐碑"，这是宋代最常用的石碑，它在造型上的特点是有碑首、碑身和鳌坐几个部分。法式中规定："造鳌坐碑之制：其首为盘龙，下施鳌坐，于土衬之外，自坐至首共高一丈八尺。"关于盘龙的碑首，法式中说："下为云盘，上作盘龙六条相交，其心内刻出篆额天宫。"对"鳌坐"，法式中说："长倍碑身之广，其高四寸五分，驼峰广三分，余作龟文造。"梁思成先生根据《营造法式》的规定，参照大量古石碑实例，绘制出了宋代石碑的标准式样图。从图中可以看到，碑首的六条盘龙的头部都在碑的侧面，每边各三条，龙头朝下，龙身向上拱起，左右两条龙的龙身、龙足相交盘结在碑的正面和背面，中央围着"篆额天宫"部分，这是刻写碑名的地方。碑首与碑身相连处有一层云盘相隔。所谓"鳌坐"，因为古时将海中的大龟称为鳌，所以鳌坐就是用大龟做的碑座。古代神话传说共工氏怒触不周山，天柱折，地维缺，女娲氏断鳌足以立地之四极，鳌足既可以支撑住天地之重，可见其力大无比，所以用鳌背负小小石碑之重自然不在话下了。

《营造法式》讲述的第二种称"笏头碣"，"造笏头碣之制：上为笏头，下为方坐。共高九尺六寸。……坐身之内，或作方直，或作叠涩，宜雕镌华文。"这是一种没有盘龙碑首而只有碑身、碑坐的石碑，而且碑座也不用鳌坐而只是简单的方座或者做成有进出叠涩的须弥座形式。古时把有装饰雕刻的方形碑头的碑石称为碑，把无装饰的圆形碑头的碑石称为碣，法式也是按此原则把碑、碣加以区分，但实际上又多混用而统称为碑碣，或简称为碑。从总的造型上看，石碑确有简洁与复杂之分，其中主要区分就在于碑首与碑座的形式。

[上] 盘龙碑首
[下] 龙头在正面的碑首

石碑的装饰

石碑的形式不仅表现在它的整体造型上，而且也表现在细部的装饰上。《营造法式》归纳了当时石碑的形式与制度，总结成为具有代表性的几种形式，但由于中国地域广大，古时交通不便，信息不灵，各地区之间的交流又少，一种手艺，一种做法很难能够通行全国，加以建筑本身又是一种创造性劳动，因此某一种建筑的形式和做法在全国各地必然会呈现出丰富多彩的局面。石碑当然也是如此。现在分别从碑首、碑身与碑座几部分来观察它们的装饰。

碑首。在古代石碑上，我们见到的多数石碑碑首正是《营造法式》所规定的"盘龙"形式。但是盘龙的多少却视碑身的厚度而定，因此并非都是六条。陕西乾县唐代乾陵有一块石碑碑身特别厚，其碑首两侧各雕有四条龙，共计八条盘龙，不少碑身较薄的石碑也有两侧各两条共四条盘龙的。

碑首上龙的盘曲姿态也并非都保持一种形式，除了龙头在碑首两侧，龙体在正面盘曲的以外，也有的龙头跑到碑首正面上来了，左右两条龙头相对，中央有一颗宝珠；也有少量的石碑碑首外形如法式中笏头碣的形状，呈简单的方形而双肩抹角，但是在正、背两面仍用雕龙装饰。有两条草龙相对戏宝珠者，有数条游龙翻腾于云中者，也有用一条巨龙盘结在碑首，龙头突出于碑首中央者，形式很自由。

这种盘龙的碑首装饰雕刻多喜欢用高雕，高低起伏很大，造成很强的阴影，从而突出龙的造型。山西五台山龙泉寺的石碑碑首甚至用了透雕的技法，它所产生的强烈效果和龙泉寺石牌楼的风格很一致。

北京有一批耶稣会士碑，这是清初来华传播基督教、天主教的西方国家传教士的墓碑，大多建于清乾隆时期，

［上］、［中］笏头碣式碑首
［下］山西五台山寺庙雕龙碑首

有意思的是这些西方洋教士的墓碑也用了中国石碑的传统形式，其碑首也是双龙戏珠，只是中央雕刻着一个十字架。多数这类传教士的石碑之首不用龙纹而改用云纹与花草纹，围绕着中央的十字架。这些装饰多用比较浅的浮雕技法，总体效果比较平和与端正。从这小小的石碑之首上也看到了当时中西文化交流与交融的状况。

碑首正面都有篆额天宫的位置，它的形式也多种多样，有正方形、长方形、椭圆形，其中又有无边框与有边框之分，甚至还有做成亭子形、牌楼形的，但它们的

[上] 碑首上的篆额天宫
[中] 北京耶稣会士碑群
[下左] 耶稣会士碑
[下右] 耶稣会士碑首

中心部分都用作书刻碑名之用。有的石碑在篆额天宫部位雕刻了佛像，在碑身部分也有佛教内容的雕刻，这类石碑称为"造像碑"，它没有一般石碑记事、记人和题名的功能，而成为一件佛教艺术品。

[上左] 造像碑
[上右] 河北承德六和塔院石碑首
[下左] 清代石碑边饰
[下右] 唐代石碑边饰

石碑碑首除了大多数采用盘龙的形式之外，也有用房屋屋顶形式的。河北承德避暑山庄内六和塔塔院的石碑之首做成四面坡攒尖顶的屋顶形式，屋顶上布满雕饰，四条屋脊上各卷伏着一头兽，兽头向上簇拥着中央的宝顶。屋顶下省略去木结构的斗栱斗棋及檐部，直接过渡至碑身，表面也布满龙纹及植物枝叶纹，用浅浅的浮雕，保持碑首与碑身的统一，并在中央留出篆额天宫的部分。

碑身。碑身是石碑最主要的部分，前后两面都可供书刻文字，所以有许多碑身不做装饰，如果有装饰也都集中在左右两个侧面和前后正面的周边。装饰所用纹样多为龙纹与植物枝叶纹，或者是它们二者结合的草龙纹。在唐代的许多石碑的侧面可以见到卷草纹的雕饰。卷草是一种植物的枝叶，早在五千年前的彩陶器上就已经见到，后来经过长期的应用与发展，又吸取了随佛教而传入中国的西方、中亚等地区的植物纹饰，经过融合与不断完备，至唐朝形成为一种比较成熟的植物花纹。它的特征是形象丰满，线条潇洒，被称为"唐草"，成为中国装饰花纹发展高峰的标志。但是在明、清时期的石碑上却见不到这种风格的纹饰了。在不少清代石碑上，石碑两侧及文字四周的边饰多喜欢用龙纹，而且又是高

265

浮雕，突起的龙纹反而使石碑显得缛重，有损于石碑在造型上的完整与端正。

碑座。作为石碑基座的赑屃，其形象都塑造得相当写实，趴伏于地面的赑屃，四足撑于地，头向前伸出并微微向上昂起，背上覆硬甲，甲上有六角形龟甲纹，头部的眼、鼻、嘴，嘴中的牙、舌以及盘卷着的尾巴都刻画得很细致。可以看出，石碑首、碑身部分的雕饰越多越细者，则基座的刻画也越精致。赑屃背上面还有一块长方形的驼峰，承托着上面的碑身。从总体造型上看，赑屃显出一种既身负重压又并不感到十分吃力的神态。

形状方直的碑座，外形都很方整，但在座的四个垂直面上却

[上] 石碑赑屃座
[下] 方形碑座

多有雕刻装饰，尤其在前后两个面上喜用龙纹，有的双龙对峙，中央有一颗火焰宝珠；有的双龙游弋于宝山浮云之间；有的用草龙装饰，作为龙身、龙足的草纹满布碑座。这些雕饰多用不高的浮雕以保持碑座的完整性。有的用高浮雕的碑座，由于雕刻太突出，反倒破坏了碑座的整体形象。

[上]、[下] 北京大正觉寺石碑群

北京大正觉寺石碑

北京明十三陵碑楼石碑

[左上] 明十三陵碑楼石碑
[左中] 碑楼石碑座
[左下] 碑楼
[右上] 明长陵方城明楼上石碑
[右下] 辽宁沈阳清皇陵方城明楼

贰佰柒拾

北京清代石碑的盘龙碑首

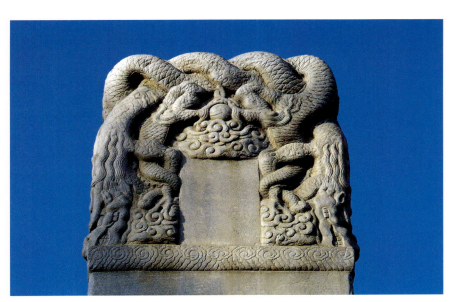

[上二] 北京清代石碑的盘龙碑首
[下二] 清代石碑的方形碑座，龙纹雕饰

贰佰柒拾叁

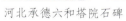

河北承德六和塔院石碑

［自上至下］六和塔院石碑碑首
　　　　　石碑座侧面
　　　　　石碑龙纹雕刻
　　　　　石碑座正面

273

石 塔

在中国佛教各种类型的佛塔中都有石造的塔。福建泉州开元寺的双塔是全部用石料筑造的楼阁式塔；在北京碧云寺的金刚宝座塔上可以见到石造的密檐式塔和喇嘛塔。在金刚宝座塔中除个别的用砖筑造外，大部分皆为石造。所以，在几种佛塔中，石造的塔主要为金刚宝座塔，我们介绍石塔上的装饰也集中说的是这类塔上的装饰。

金刚宝座塔的形式分上下两部分，下面是一座高高的金刚宝座，宝座上面建有五座小塔，中央一座略大，四角的较小，分别供奉佛教密宗金刚界五部主佛的舍利。另一种说法是宝座代表佛教中的圣山须弥山，座上五塔代表圣山上的五峰，金刚宝座塔就是佛居住的须弥圣山的象征。

大正觉寺金刚宝座塔。大正觉寺位于北京海淀区，原名真觉寺，初建于明永乐年间，清乾隆二十六年[1761年]重修后改称大正觉寺。寺内建筑大部分被毁，只剩下一座金刚宝座塔。塔建于明成化九年[1473年]，塔的宝座略呈方形，最下层为须弥座，须弥座的束腰部分均匀地罗列着频伽、狮、象、法轮、吉祥花、如意珠等法宝、法器的雕刻。须弥座之上部分上下均分为五层，每层皆有短短的屋檐，座壁上用凸出的壁柱左右分隔为一个个小龛，龛内端坐着佛像。

北京大正觉寺金刚宝座塔

宝座上面端立着五座密檐式石塔，中央一座略高于四周的小塔。五座小塔的塔身部分雕有释迦佛和普贤、文殊菩萨的像。在密檐部分的每一层檐下也排列着小佛像。可以说这座金刚宝座塔从宝座到小塔，周身几乎都布满了带有佛教内容的雕刻。这些雕刻除塔身上龛

 贰佰柒拾伍

[上] 北京大正觉寺金刚宝座塔侧面图
[下左] 金刚宝座塔
[下右] 金刚宝座塔塔身

[上左] 大正觉寺金刚宝座塔宝座上密檐塔
[右] 座上密檐塔基座及塔身
[下] 金刚宝座塔基座上佛教法宝法器的雕刻

内的佛像外，多采用浅浮雕技法，近观内容丰富，远望又保持了宝塔的完整造型，使它成为一座大型的佛教艺术雕刻品。

碧云寺金刚宝座塔。碧云寺位于北京西北郊，与香山静宜园为邻。寺始建于元代，明代重修，清乾隆十三年[1748年]增建此塔。寺院建筑坐西朝东，依山势层层叠起，周围有山脉环抱，惟向东开阔，宝塔即坐落在最西面的半山坡上，面向东方高出于寺庙殿堂，十分地有气势。塔通高34.7米，下面是一座高大的宝座，宝座之上照例立着一大四小五座密檐石塔。但它与一般金刚宝座塔不同的是，在这五座石塔之前还有一座方形小宝座，座上又立着四座更小的石塔，等于在一座大金刚宝座塔之上又加了一座小的金刚宝座塔。而且在小宝座的前方左右两侧还各有一座石造的小喇嘛塔。这样的形式在国内目前还是孤例。其效果是使宝塔总体造型更加丰富，在群山环抱下更显突出。

在塔的细部装饰上和大正觉寺的金刚塔类似。宝座下面是层须弥座，只不过须弥座的束腰上没有那么多雕刻。须弥座以上分作三层，一、三层上四面都雕有佛像，第二层雕的是成排的狮子头，在佛教中狮子是护法兽，在这里，围绕着宝座的一周圈狮子自然也起着护佛的作用。宝座上的密檐塔，塔身上分别雕着释迦佛与普贤、文殊菩萨或者其他佛像；密檐部分虽没有佛像雕刻，但13层屋檐做得十分细致，每一层檐下都有两层椽子支撑着出檐，檐上瓦件齐全，四个屋角下有角梁，上有走兽，而所有这些构件全是在一整块石板上雕刻出来的，这样的石板上下叠加，它们组成的屋檐从下到上有明

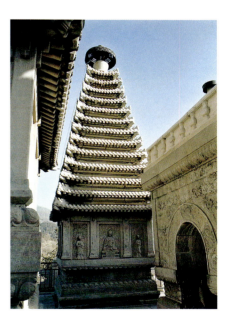

北京碧云寺金刚宝座塔宝座上的密檐塔

显的收分，宝塔顶立着一座小的喇嘛塔，塔上顶着金属的华盖作为结束。清代的石雕艺术在总体风格上虽不如唐代那样浑厚而有气势，但单从雕功上看还是达到了很精细的程度，从碧云寺金刚宝座塔的造型和细部雕刻上都可以看到这方面的成就。

[左页] 碧云寺金刚宝座塔上密檐石塔
[上] 碧云寺金刚宝座塔
[中] 金刚宝座塔近景
[下] 金刚宝座塔宝座

[上] 碧云寺金刚宝座塔局部
[下] 宝座塔上密檐石塔基座雕刻
[右页] 碧云寺金刚宝座塔上小喇嘛塔塔身佛像

贰佰捌拾

呼和浩特金刚座舍利宝塔位于内蒙古呼和浩特市慈灯寺内，佛寺已毁，但佛塔独存。塔建于清雍正年间［1722年-1735年］，为砖、石结构，通高约13米。金刚宝座坐落在一层偏平的砖石平台上，宝座下还有一层基座，然后是一层须弥座，束腰部分雕着象、狮、法轮、金刚杵等形象。须弥座之上的座身上下被分为七层，第一层为用蒙、藏、梵三种文字刻写的金刚经文，以上六层皆雕的是佛像，每一层都用壁柱分隔出一个个小龛，每个龛内都有一尊坐佛像。宝座的南面中央开有券门，门的上方嵌有白石的门匾，匾上有用蒙、藏、汉三种文字书刻的"金刚座舍利宝塔"门牌。门内有阶梯通至座上，宝座上方有小塔五座，中塔高七层，四角小塔高五层，这是介于楼阁式与密檐式之间的一种塔，底层高，以上各层矮，每一层的四壁都有佛及菩萨的雕像。塔身有明显的收分，五座塔的顶端都有一座喇嘛塔作为塔刹。

这座塔与北京的大正觉寺和碧云寺两座金刚宝座塔相比较，它有哪些特征呢？首先从材料上看，北京两座塔的宝座外表都是石料包砌的，宝座上的小塔则全部由石料筑造。而呼和浩特这座塔从宝座到小塔全都是砖石材料混用的。塔的两层基座为砖心，石料的角柱、阶条石与台阶；宝座主体为砖筑，表面的佛像、佛器也都用砖雕，只在门券、须弥座上枋和宝座的最上层栏杆用石料建造；宝座上五座小塔的塔身除须弥座的上枋等部分用石料外全部由砖筑造，塔上的雕刻也是砖雕。除

内蒙古呼和浩特金刚座舍利宝塔

了砖、石之外，这座塔还用了少量琉璃构件，例如宝座上几层屋檐的瓦为黄、绿两色的琉璃瓦，五座小塔顶上的小喇嘛塔为琉璃小塔。这几种材料质感不同，颜色也不相同，灰砖的须弥座，深褐色的宝座与塔身，配以白色的门券与边角石和黄、绿二色的琉璃，使庞大的塔体显得华而不艳，看上去十分清新而不笨拙。其次，设计者十分注意宝塔的总体与局部造型。高大的塔体坐落在一层比较平阔的台基之上，同时在宝座之下又加了一层不高的基座，从而使宝塔与地面接触显得自然而不唐突。宝塔宝座上五座小塔的多层出檐，其分层和宝座上的分层采用同一种形式和相近的高低，使上下两部分浑然一体。高高的宝座上下有收分，这种收分的趋势与座上小塔的收分相连，形成整座宝塔的稳重感。经过这些处理，使一座体量很大的金刚宝座塔显得十

［右页上］内蒙古呼和浩特金刚座舍利宝塔
［下］呼和浩特金刚座舍利宝塔局部

283

呼和浩特金刚座舍利宝塔塔门一侧雕饰

呼和浩特金刚座舍利宝塔塔门一侧雕饰

[上]、[下] 呼和浩特金刚座舍利宝塔雕饰

[上]呼和浩特金刚座舍利宝塔须弥座及塔身第一层
[下]塔身第一层上雕刻的金刚经文

分端庄，而且富有独特的个性。

西黄寺清净化诚塔位于北京北郊，这是一座为西藏活佛班禅六世而建立的衣冠塔。清乾隆四十五年[1780年]班禅六世来北京，因病圆寂于北京，将他的舍利送回西藏后，在他的北京驻地特建此塔以资纪念。塔全部用石建造，在高达三米多的石

北京西黄寺清净化诚塔

座上建有中心主塔一座和四角上的四座经幢，经幢不属塔类，但这种组合形式仍应属金刚宝座塔之类。

宝座上的中央主塔为喇嘛塔，其下为八角形须弥座，这层须弥座从上枋、束腰到达下枋各部分都布满雕刻。上、下枋与混枭部分满雕着凤鸟、花卉、卷草、云纹等纹饰；束腰部分的每个面都雕着一幅释迦牟尼佛八相成道本生的故事，画中满布佛成道、菩萨、罗汉以及屋宇、树木、山石等内容的石雕，束腰的八个转角上各有一金刚力士的蹲像。须弥座以上连着几层石座，座上即为覆钵式塔身，塔身以上为由多层相轮、金属的华盖、莲瓣宝珠等部分组成的塔刹。塔身的正面龛内为三世佛像，龛两侧分布八大菩萨像，塔身下石座上也雕有小佛像。东、南、西、北四个面各有八座佛，加上龛内的三世佛共有35座佛像。

这座佛塔的特点是雕刻装饰多而细，从塔身到基座无处没有雕刻。塔身下石座上的小佛像之间的空处填满了云纹；塔身佛龛的边框也是由密集的卷草纹组成；连塔身的覆钵上部边沿还用一周圈莲瓣作装饰。但所有这些雕刻多采用不高的浮雕，所以近观很细致，远观又保持了整座石塔的完整形象。白色的石塔、金属的塔刹，在蓝天衬托下，显得凝重而庄严。

西黄寺清净化诚塔正面全景

西黄寺清净化诚塔中央喇嘛塔

西黄寺清净化诚塔侧面全景

西黄寺清净化诚塔中央喇嘛塔座雕刻

西黄寺清净化诚塔中央喇嘛塔座雕刻

西黄寺清净化诚塔中央喇嘛塔塔座上满布石雕

贰佰玖拾肆

[上] 西黄寺清净化诚塔中央喇嘛塔的须弥座
[下] 须弥座束腰以下部分的石雕装饰

| 石牌楼 |

河北易县清西陵石牌楼

贰佰玖拾陆

[上] 清西陵泰陵入口石牌楼
[下] 泰陵石牌楼夹杆石上的龙、麒麟雕饰

山西五台山龙泉寺入口

[上] 龙泉寺石牌楼全景
[下] 石牌楼中央部分

[上] 龙泉寺石牌楼中央屋顶檐下部分
[下] 龙泉寺石牌楼石雕装饰

龙泉寺石牌楼梁枋、垂柱、花板、戗柱等部分的石雕装饰

图片索引

概论

页	内容
15	河南洛阳汉代空心砖墓 四川汉代弧形小砖券墓 东周瓦当 秦植物纹瓦当
16	龙、虎、凤、龟四神兽瓦当
17	汉代文字瓦当
18	汉画像砖 画像砖上骏马 画像砖上骏马 画像砖上骏马 画像砖上虎 画像砖上豹
19	画像砖上盐场 画像砖上牧民 画像砖上收割图
20	画像砖上农夫劳动 画像砖上乐舞 画像砖上鼓舞 画像砖上对刺 画像砖上斗鸡 画像砖上乐舞
21	山墙墀头砖雕 无梁殿上砖装饰
22	安徽住宅砖门头 浙江祠堂牌楼式砖门脸
23	辽代砖塔上佛像雕饰
24	山西侯马市董氏墓平、剖面图
25	四川雅安汉高颐阙图
26	霍去病墓前石雕　卧马 霍去病墓前石雕　伏虎 河北遵化清东陵 清高宗乾隆皇帝裕陵地官石门上雕刻
27	安徽黟县西递村石牌楼
28	北京天安门华表 天安门华表顶部
29	北京明十三陵墓表
30	北京东汉秦君墓表图
31	山西农村住宅门前石狮 北京四合院住宅门墩石上石狮子头
32	陕西咸阳唐代顺陵石狮
33	[上] 西藏琼结县藏王墓石狮 [下] 民间狮子舞
34	各地石狮子群像
36	山东曲阜孔府大门前上马台
37	古代铜器等器物上的夔龙纹 古代铜器上的饕餮纹
39	雕龙装饰的栏杆柱头 雕龙装饰的柱础
40	狮子柱头 狮子柱础
41	石栏杆栏板上的麒麟和如意雕饰 圆窗上鲤鱼跳龙门的砖雕
42	石栏杆栏板上的蝙蝠
43	[上] 门头上狮子耍绣球和鱼纹砖雕 [下] 石碑下的赑屃座
44	门墩石上的荷花荷叶雕饰 有莲瓣装饰的基座
45	石栏杆栏板上的竹雕饰 石柱础上的牡丹花
46	石碑上的唐卷草样
47	[左三图] 卷草早期纹样 [右] 唐代卷草纹样
48	砖雕中瓶中三戟纹样 须弥座上佛教八宝石雕
49	暗八仙纹样
50	基座上的角神 人物场面的砖雕
51	万字不到头装饰 如意纹石雕 回纹石雕边饰
52	松鹤长寿砖雕 吉庆有余砖雕
53	瓦当上鹿、虎、凤、雁的形象
54	[上左] 草龙雕刻 [上右] 拐子龙雕刻 [左下] 荷花雕刻 [左下] 莲瓣装饰 [下] 宝装莲瓣装饰
55	图案化的牡丹和荷花 画像砖上装饰形象的组合
56	画像砖上装饰形象的组合 琴、棋、书、画的砖雕装饰
57	《营造法式》雕镌制度 [自上至下]：剔地起突、压地隐起华、减地平级、素平
59	广州陈家祠堂石栏杆 广州陈家祠堂月台栏杆 河北易县清西陵石牌楼
61	山西五台山龙泉寺石牌楼

分论

■ 砖门头与门脸

页	内容
64	《清明上河图》中的院墙门 江西农村住宅大门的木门头 浙江农村住宅门的木门头
65	浙江佛寺门砖门头 江西农村住宅门砖门头 安徽农村住宅大门的门头
67	江苏苏州网师园宅院"藻耀高翔"院门
68	苏州网师园宅院"藻耀高翔"院门
69	"藻耀高翔"门头 "藻耀高翔"门头字牌
70	"藻耀高翔"门头屋檐下斗栱、花板等雕饰
72	"藻耀高翔"门头花板、挂落装饰 "藻耀高翔"门头人物场景装饰
73	"藻耀高翔"门头屋檐下斗栱及动、植物雕饰
74	江苏苏州网师园宅院"竹松承茂"院门
75	[上] "竹松承茂"门头 [下] "竹松承茂"门头字牌
76	"竹松承茂"门头屋檐下花板、挂落装饰
77	"竹松承茂"门头上垂花柱、雀替和吉庆有余的装饰
79	[上] 江西婺源农村住宅大门门头 [下] 安徽黟县农村住宅大门门头
80	[上] 安徽黟县关麓村住宅大门门头 [下] 关麓村住宅大门门头局部
81	[上] 江西婺源延村住宅大门门头 [下] 延村住宅大门门头局部
82	[上] 江西婺源延村住宅大门门头局部 [下] 延村住宅大门门头砖雕装饰
83	[上] 江西婺源农村住宅门头局部 [下] 婺源农村住宅门头砖雕装饰
84	安徽黟县关麓村住宅大门及八字影壁图
86	安徽黟县关麓村住宅大门图
87	浙江永康祠堂牌楼式门脸 江西景德镇祠堂牌楼式门脸
89	安徽黟县关麓村住宅大门图
90	安徽黟县关麓村住宅学堂厅大门图
91	安徽黟县关麓村住宅大门图
92	江西婺源延村住宅大门图
93	江西婺源延村住宅大门图

叁佰零贰

302

94	[上] 江西景德镇祠堂牌楼式门脸 [下] 江西景德镇祠堂牌楼式门脸局部	
95	[上] 江西景德镇祠堂牌楼式门脸局部 [下] 江西景德镇祠堂牌楼式门脸局部	
96	福字砖雕 人物、花瓶砖雕 草龙、蝙蝠砖雕	
97	兽纹、卷草砖雕 植物、万字纹砖雕 门头上的砖雕装饰	
98	[上] 浙江宁波寺庙门砖门头 [下] 浙江普陀佛教小庵门头	
99	浙江普陀佛庵门头	
100	[上] 浙江普陀佛庵门头 [下] 浙江普陀佛庵门头	
101	浙江兰溪诸葛村住宅大门门脸图	
102	浙江兰溪诸葛村祠堂门门脸图	
103	浙江兰溪诸葛村祠堂春晖堂大门牌楼式门脸图	
104	[上] 春晖堂大门门头 [下] 春晖堂大门门头字牌	
105	[上] 春晖堂大门门头局部 [下] 春晖堂大门门头鱼、鹤、万字纹装饰	
106	春晖堂大门门脸局部	
107	[上] 春晖堂大门门脸上草龙、鱼、万字纹等装饰 [下] 诸葛村祠堂大门门头雀替装饰	
108	陕西西安化觉巷清真寺院门	
109	[上] 山西某地砖雕门头 [下] 山西平遥碑亭门头局部	
110	山西平遥碑亭	
111	山西平遥院墙门砖门头	
112	福建邵武地区住宅门头、门脸	
113	福建邵武地区住宅门头、门脸	

墙上砖装饰

114	墀头下碱雕刻装饰(左)(右) 墀头图
115	墀头盘头部分装饰 墀头戗檐板
116	墀头砖雕装饰 墀头砖雕装饰 陕西西安化觉巷清真寺大殿墀头
117	山西榆次常家庄园房屋墀头
118	山西灵石王家大院房屋墀头
119	山西榆次常家庄园房屋墀头
120	山西介休农村住宅墀头装饰
121	山西介休农村住宅大门墀头装饰
122	广东广州陈家祠堂厅堂墀头装饰
123	广州陈家祠堂厅堂墀头装饰
124	[上] 廊心墙图 [下左] 陕西西安化觉巷清真寺大殿廊心墙 [下右] 山西灵石王家大院廊心墙装饰
125	[上] 王家大院住宅廊心墙 [下] 王家大院住宅廊心墙局部
126	陕西西安化觉巷清真寺大殿廊心墙砖雕
127	青海平安县农村清真寺大殿廊心墙砖雕
128	浙江农村住宅内院墙上花砖窗 浙江寺庙院墙上花砖窗
129	上海寺庙墙上花窗
130	浙江、上海寺庙大殿墙上窗
131	浙江、上海寺庙大殿墙上窗
132	[上]、[下] 浙江宁波天一阁院墙上花砖窗
133	[上] 上海寺庙院墙上花窗 [下] 广东东莞农村寺庙墙上花窗图
134	北京紫禁城宫殿墙上通气孔
135	紫禁城宫殿墙上通气孔
136	广东广州陈家祠堂墙上砖雕 广东广州陈家祠堂墙上砖雕
137	[上] 山西灵石王家大院住宅大门 [下] 王家大院住宅大门两侧墙上砖雕
138	[上] 广东广州陈家祠堂西侧外墙上砖雕装饰 [下] 陈家祠堂东侧外墙上砖雕局部
139	[上] 陈家祠堂西侧墙上《水浒传》内容砖雕 [下] 陈家祠堂东侧墙上"刘庆伏狼狗"内容砖雕
140	广州陈家祠堂东西侧墙上砖雕
141	广州陈家祠堂东西侧墙上砖雕局部
142	山西祁县乔家大院住宅栏杆墙近观
143	[上] 山西祁县乔家大院住宅栏杆墙 [下] 乔家大院住宅栏杆墙近观
144	[上] 乔家大院住宅栏杆墙
	[中] 乔家大院住宅栏杆墙 [下] 山西住宅栏杆墙近观
145	[上] 山西榆次住宅栏杆墙 [中] 山西灵石住宅栏杆墙 [下] 山西榆次常家庄园住宅栏杆墙
146	北京紫禁城撒山影壁 紫禁城内琉璃影壁
147	北京香山静宜园砖影壁 静宜园影壁砖雕装饰
148	一主二从式影壁 八字影壁
149	北京四合院影壁 云南大理白族住宅影壁
150	北方住宅影壁 北方大型住宅内影壁
151	[上] 云南大理白族住宅影壁 [下] 上海寺庙门前影壁装饰
152	[上] 上海松江大影壁 [下] 松江大影壁中央部分的砖雕饰
153	[上] 山西榆次常家庄园影壁 [下] 山西祁县乔家大院影壁
154	[上] 山西祁县影壁 [下] 祁县影壁局部
155	[上] 山西灵石王家大院住宅影壁 [下] 影壁中心五福装饰
156	山西祁县乔家大院影壁
157	乔家大院影壁身上雕刻装饰
158	[上] 山西灵石王家大院住宅影壁 [下] 王家大院住宅影壁中心砖雕
159	[上]、[下] 山西榆次常家庄园住宅影壁砖雕
160	[左上] 山西灵石王家大院住宅影壁 [左中] 影壁上山水风景砖雕 [左下] 影壁上双狮耍绣球砖雕 [右上] 影壁上仙鹤砖雕 [右中] 影壁上麒麟砖雕 [右下] 影壁上松树、鹿、鹤砖雕
161	甘肃临夏影壁
162	江西乐安流坑村凤凰厅影壁图
163	山西沁水西文兴村关帝庙影壁图
164	山西阳城郭峪村住宅影壁图
165	[上、中、下] 山东栖霞车氏庄园砖石墙体
166	[上] 山东栖霞车氏庄园小楼

	[下] 牟氏庄园建筑不同的砖石墙组合
167	福建泉州杨阿苗宅墙上砖石组合

■ 砖塔

169	云南大理唐代千寻塔局部
170	河北正定临济寺砖塔局部
171	河北正定天宁寺塔局部 新疆吐鲁番苏公塔局部
172	云南大理崇圣寺三塔远观 崇圣寺千寻塔正面 崇圣寺千寻塔 崇圣寺小塔
173	崇圣寺千寻塔局部 崇圣寺小塔局部
174	河北正定临济寺澄灵塔
175	临济寺澄灵塔基座
176	澄灵塔上栏杆及莲瓣装饰 澄灵塔底层砖雕门 澄灵塔底层砖雕窗
177	澄灵塔密檐层近观
178	[上] 河北正定天宁寺塔 [下左] 天宁寺塔门上装饰 [下右] 天宁寺塔身部分
179	[上] 北京天宁寺塔 [下左] 天宁寺塔塔身 [下右] 天宁寺塔密檐层
180	河南安阳修定寺塔 修定寺塔上砖雕装饰
181	新疆吐鲁番苏公塔及清真寺

■ 门枕石

182	[上] 《营造法式》门砧图 [下左] 石座门枕石 [下右] 圆鼓门枕石
183	[左]、[右] 狮子门枕石
184	[上左、右] 石座形门枕石 [下左、右] 圆鼓形门枕石
185	山东栖霞牟氏庄园正门门枕石 牟氏庄园次门门枕石 牟氏庄园内院门门枕石
186	[上] 山东栖霞牟氏庄园正门图 [下] 牟氏庄园正门
187	[上左一、二] 牟氏庄园正门门枕石 [上右一、二] 牟氏庄园正门门枕石局部 [下] 牟氏庄园正门门枕石正面、侧面图
188	[右上、下] 牟氏庄园正门门枕石基座 [左上、下] 牟氏庄园正门门枕石鼓局部

189	[上左、右] 牟氏庄园次门门枕石 [下、右] 牟氏庄园次门门枕石正面石雕
191	北京四合院住宅大门门枕石
193	北京四合院住宅大门圆鼓形门枕石
194	山西住宅大门门枕石
195	山西住宅大门门枕石
196	[上] 山西灵县王家大院宅门 [下] 山西五台山庙门门枕石
197	[上] 陕西西安清真寺大门圆鼓形门枕石 [下] 山西住宅门门枕石
198	[上] 广东东莞农村祠堂大门门枕石正、侧面图 [下] 浙江武义农村祠堂大门门枕石正、侧面图
199	[上] 山西沁水农村住宅门门枕石正、侧面图 [中、下右] 各地鼓形门枕石 [下] 东莞农村祠堂大门门枕石

■ 基座、栏杆、台阶

200	山西大同云冈石窟佛座图
201	[上] 《营造法式》殿阶基图 [下] 清式须弥座图
202	[上] 北京颐和园五方阁铜亭基座图 [下左] 北京紫禁城三大殿台基 [下中] 紫禁城日晷基座 [下右] 五方阁铜亭基座
203	清代须弥座雕饰
204	[上左] 须弥座上壸门 [上右] 北京大正觉寺佛塔基座 [中] 四川成都王建墓基座 [下] 须弥座上的角神
205	[上] 北京紫禁城三大殿台基 [下左] 紫禁城三大殿台基近观 [下右] 北京颐和园殿堂须弥座石雕装饰
206	[上] 北京颐和园殿堂须弥座 [下左] 北京紫禁城日晷基座 [下右] 紫禁城石基座
207	[上] 紫禁城嘉量石 [下] 紫禁城日晷石
208	北京西黄寺金刚宝座塔基座
209	[上] 西黄寺金刚宝座塔基座石雕 [下] 西黄寺金刚宝座塔基座细部
211	《营造法式》钩阑图
212	[上左] 清式石栏杆 [上右] 清代仿木结构石栏杆 [中] 实心栏板石栏杆 [下] 石板栏杆
213	[自上至下] 北京紫禁城宫殿栏杆龙望柱头 紫禁城宫殿栏杆凤望柱头 紫禁城宫殿栏杆莲瓣望柱头

	清东陵定东陵石栏杆
214	[上] 北京紫禁城皇极殿基座栏杆 [下] 皇极殿基座栏杆近景
215	[上] 紫禁城钦安殿基座石栏杆 [中] 北京颐和园殿堂基座石栏杆 [下] 紫禁城万春亭基座石栏杆
216	[左] 辽宁锦州广济寺石栏杆望柱头(1)、(2)、(3)、(4) [右上] 广济寺石栏杆 [右下] 广济寺石栏杆板(1)、(2)、(3)、(4)、(5)、(6)
217	辽宁沈阳故官大政殿台基石栏杆 紫禁城钦安殿台基石栏杆板
218	[上]、[中]、[下] 辽宁沈阳清代皇陵石栏杆
219	[上] 广东广州陈家祠堂厅堂石栏杆 [下] 陈家祠堂月台石栏杆
220	[上]、[下] 安徽呈坎罗氏宗祠石栏杆
221	[上]、[中] 安徽呈坎罗氏宗祠石栏杆 [下] 山西榆次常家庄园石栏杆
222	北京紫禁城宫殿石栏杆龙、凤雕刻柱头
223	紫禁城御花园石栏杆柱头石狮
224	[上] 北京颐和园十七孔桥石栏杆 [下] 颐和园十七孔桥石栏杆石狮子柱头
225	[左上] 颐和园石栏杆上的莲瓣柱头 [左右] 颐和园十七孔桥石栏杆 [中]、[下] 颐和园十七孔桥石栏杆石狮子柱头
226	北京紫禁城御花园石栏杆柱头 [左上] 云气纹 [左中] 花卉纹 [左下] 竹节纹 [右上] 莲瓣纹 [右中] 如意纹 [右下] 莲瓣纹
227	[上] 紫禁城三大殿台基螭首 [下] 三大殿台基螭首
228	[上] 北京颐和园大殿台阶 [下] 北京天坛祈年殿台阶御道
229	[上] 北京紫禁城宫殿台阶雕饰 [下左] 石台阶垂带上的雕龙 [下右] 石台阶垂带上的圆鼓与狮子
230	[上] 河北清西陵慕陵丹陛石 [下] 河北清西陵景妃陵丹陛石
231	河北清东陵慈禧墓丹陛石
232	[上] 北京紫禁城三大殿台阶御道 [下] 辽宁沈阳清皇陵大殿台阶雕饰
233	[上]、[下] 紫禁城官殿台阶石雕装饰
234	[上] 广东广州陈家祠堂台阶垂带位置上的装饰 [下] 山西住宅台阶垂带上的装饰
235	[上] 河北遵化清东陵殿堂龙、凤雕刻的台阶抱鼓石 [下] 云南昆明寺庙麒麟、花卉雕刻的台阶抱鼓石

石柱础

237 [上] 山西大同北魏司马金龙墓帐柱础
[下左] 汉墓中虎形柱础
[下右] 南京梁萧景墓表石柱础

238 《营造法式》柱础图

239 [上] 牡丹及化生柱础
[左] 铺地莲花柱础
[中] 仰覆莲花柱础
[右] 宝装莲花柱础

240 [上] 素覆盆式柱础
[下] 圆鼓式柱础

241 [上] 圆鼓加基座式柱础
[中] 基座式柱础
[下] 圆鼓加覆斗式柱础

242 广东广州陈家祠堂柱础

243 须弥座式柱础
多角盆形柱础
[上]、[下] 如意纹装饰的柱础

246 福建永安安贞堡厅堂柱础展开图

247 安贞堡厅堂柱础

248 [上] 安贞堡厅堂柱础展开图
[下] 安贞堡厅堂柱础细部

249 安贞堡厅堂柱础

250 山西沁水西文兴村住宅柱础图

251 西文兴村关帝庙柱础图
[上]、[中] 西文兴村关帝庙柱础
[下] 西文兴村住宅柱础

252 广东东莞农村祠堂柱础图
广东广州陈家祠堂柱础

253 [上]、[下] 山西住宅圆鼓加须弥座式柱础
[中] 山西住宅须弥座式柱础

254 山西住宅柱础

255 圆鼓式柱础

256 圆鼓、须弥座加栏杆复合式柱础
圆鼓、几座式柱础

257 狮座柱础

258 [上] 象座柱础
[下] 圆座柱础

259 [上] 八角座柱础
[下] 圆座柱础

石碑

261 《营造法式》石碑图

262 [上] 盘龙碑首
[下] 龙头在正面的碑首

263 [上]、[中] 笏头碣式碑首

[下] 山西五台山寺庙雕龙碑首

264 [上] 碑首上的篆额天宫
[中] 北京耶稣会士碑群
[下左] 耶稣会士碑
[下右] 耶稣会士碑首

265 [上左] 造像碑
[上右] 河北承德六和塔院石碑首
[中] 清代石碑边饰
[下] 唐代石碑边饰

266 [上] 石碑龟趺座
[下] 方形碑座

267 [上]、[下] 北京大正觉寺石碑群

268 北京大正觉寺石碑

269 北京明十三陵碑楼石碑

270 [左上] 明十三陵碑楼石碑
[左中] 碑楼石碑座
[左下] 碑楼
[右上] 明长陵方城明楼上石碑
[右下] 辽宁沈阳清皇陵方城明楼

271 北京清代石碑的盘龙碑首

272 [上二] 北京清代石碑的盘龙碑首
[下二] 清代石碑的方形碑座，龙纹雕饰

273 河北承德六和塔院石碑
[自上至下]
六和塔院石碑首
石碑座侧面
石碑龙纹雕刻
石碑座正面

石塔

274 北京大正觉寺金刚宝座塔

275 [上] 北京大正觉寺金刚宝座塔侧面图
[下左] 金刚宝座塔
[下右] 金刚宝座塔塔身

276 [上左] 大正觉寺金刚宝座塔宝座上密檐塔
[右] 座上密檐塔基座及塔身
[下] 金刚宝座塔基座上佛教法宝法器的雕刻

277 北京碧云寺金刚宝座塔宝座上的密檐塔

278 碧云寺金刚宝座塔上密檐石塔

279 [上] 北京碧云寺金刚宝座塔
[中] 金刚宝座塔近景
[下] 金刚宝座塔宝座

280 [上] 碧云寺金刚宝座塔局部
[下] 宝座塔上密檐石塔基座雕刻

281 碧云寺金刚宝座塔上小喇嘛塔塔身佛像

282 内蒙古呼和浩特金刚座舍利宝塔

283 [上] 内蒙古呼和浩特金刚座舍利宝塔
[下] 金刚座舍利宝塔局部

284 金刚座舍利宝塔塔门一侧雕饰

285 金刚座舍利宝塔塔门一侧雕饰

286 [上]、[下] 金刚座舍利宝塔雕饰

287 [上] 呼和浩特金刚座舍利宝塔须弥座及塔身第一层
[下] 塔身第一层上雕刻的金刚经文

288 北京西黄寺清净化诚塔

289 西黄寺清净化诚塔正面全景

290 西黄寺清净化诚塔中央喇嘛塔

291 西黄寺清净化诚塔侧面全景

292 西黄寺清净化诚塔中央喇嘛塔座雕刻

293 西黄寺清净化诚塔中央喇嘛塔座雕刻

294 西黄寺清净化诚塔中央喇嘛塔塔座上满布石雕

295 [上] 清净化诚塔中央喇嘛塔的须弥座
[下] 须弥座束腰以下部分的石雕装饰

石牌楼

296 河北易县清西陵石牌楼

297 [上] 清西陵泰陵入口石碑楼
[下] 泰陵石牌楼夹杆石上的龙、麒麟雕饰

298 山西五台山龙泉寺入口

299 [上] 龙泉寺石牌楼全景
[下] 石牌楼中央部分

300 [上] 龙泉寺石牌楼中央屋顶檐下部分
[下] 石牌楼石雕装饰

301 龙泉寺石牌楼梁枋、垂柱、花板、戗柱等部分的石雕装饰

部分图片来源

18页图、19页图、20页图、55页下图、56页上图录自《中国雕塑史图录》，史岩编，上海人民美术出版社，1983年5月版。

24页图、25页图、30页图录自《中国古代建筑史》，刘敦桢主编，中国建筑工业出版社，1984年6月二版。

26页图录自《中国美术全集·建筑艺术编2·陵墓建筑》，中国建筑工业出版社，1988年12月版。

31页上图、48页上图、49页图、84页图、86页图、89页图、90页图、91页图、92页图、93页图、101页图、102页图、103页图、133页下图、162页图、163页图、164页图、186页上图、187页下图、198页图、199页上图、202页图、246页上图、248页上图、250页图、251页上图、252页上图、275页上图，清华大学建筑学院乡土建筑组供稿。

180页图录自《中国美术全集·建筑艺术编4·宗教建筑》，中国建筑工业出版社1988年10月版。

182页上图、201页上图、211页图、238页图、261页图录自《营造法式诠释》卷上，梁思成著，中国建筑工业出版社，1983年9月版。

237页上图录自《中国古代建筑史》第二卷，傅熹年主编，中国建筑工业出版社2001年12月版。

PICTURE INDEX

CONSPECTUS

15 | Hollow brick tomb, Han Dynasty, in Luoyang, Henan
Mini arc brick tomb, Han Dynasty, in Sichuan
Eaves tile, East Zhou Dynasty
Eaves tile with plant veins, Qin Dynasty

16 | Eaves tile of the four spiritual beasts: the dragon, tiger, phoenix and tortoise

17 | Letter eaves tile, Han Dynasty

18 | Han-figure brick
Horse in figure-brick
Horse in figure-brick
Horse in figure-brick
Tiger in figure-brick
Leopard in figure-brick

19 | Salt-field in figure-brick
Cowpuncher in figure-brick
Harvestry in figure-brick

20 | Working scene in figure-brick
Folk-dancing in figure-brick
Drum-dancing in figure-brick
Stabbing in figure-brick
Cockfighting in figure-brick
Folk-dancing in figure-brick

21 | Chi-tou brick-carving
Brick decoration on girder-free palace

22 | Brick lintel on folk house, Anhui
Archway-style brick frontispiece in ancestral temple, Zhejiang

23 | Buddha decoration on brick tower, Liao Dynasty

24 | Ichnography and profile of Dong family tomb in Houma, Shanxi

25 | Gaoyi Stone statue, Han Dynasty, in Ya'an, Sichuan

26 | Stone-carving in front of Huo Qubing: crouching horse
Stone-carving in front of Huo Qubing: prone tiger
Qing East Tomb in Zunhua, Hebei
Carving on the stone door of the Underground Palace Yu Tomb, Emperor Qianlong, Qing Dynasty

27 | Stone decorated archway in Xidi village, County Yi, Anhui

28 | Carved ornamental column in Tian Anmen Square, Beijing
Top of the carved ornamental column in Tian Anmen Square

29 | Column in Ming Tombs, Beijing

30 | Chart of Emperor Qin tomb column, East Han Dynasty, in Beijing

31 | Stone lion in front of folk house in Shanxi
Heads of stone lions on piers in front of a Beijing quadrangle

32 | Stone lions in Shun Tomb, Tang Dynasty, in Xianyang, Shanxi

33 | [upper]Stone lions in King of Tibet tomb in Qiongjie County, Tibet
[lower]Folk lion dance

34 | Stone-lion group

36 | Stepping platform in front gate of Confucius mansion in Qufu, Shandong

37 | Kui veins decoration on ancient bronze ware
Taotie veins on ancient bronze ware

39 | Column head of baluster on carved dragon decoration
Column base on carved dragon decoration

40 | Column head of lion
Column base of lion

41 | Kylin and Ruyi decoration on stone parapet
Fish-jumping brick carving on round window

42 | Bat on stone baluster

43 | [upper] Lion-playing-ball and fish veins brick carving on lintel
[lower] Turtle-like basement under the stele

44 | Lotus and lotus leaf decoration on stone piers
Lotus-petal decoration on basement

45 | Bamboo decoration on stone parapet
Peony on stone column plinth

46 | Tang-juan-cao veins on stele

47 | [left three] Early Juan-cao veins
[right] Tang-juan-cao veins

48 | Three halberds veins in brick carving
Eight Buddhist treasures on Xumi basement

49 | Hidden Eight Immortals veins

50 | Corner numen on the basement
Figures on the brick carving

51 | Wan-zi-bu-dao-tou decoration
Ruyi veins carving
Hui veins stone carving for side decoration

52 | Pine and crane brick carving
Mascot brick carving

53 | Eaves tile of deer, tiger, phoenix and wild goose

54 | [upper left] Cao-long carving
[upper right] Guai-zi-long carving
[left upper] Lotus carving
[left lower] Lotus petal carving
[lower] Bao-zhuang Lotus petal carving

55 | Patterned peony and lotus
Combination of decoration figures in drawing brick

56 | Combination of decoration figures in drawing brick
Brick carving decoration of musical instrument, chess, calligraphy and painting

57 | Carving rule [from upper down]

59 | Stone baluster in Chen ancestral temple, Guangzhou
Platform baluster in Chen ancestral temple, Guangzhou
Stone decorated archway of West Tomb, Qing Dynasty, in Yi County, Hebei

61 | Stone decorated archway of Dragon-spring Temple in Wutai Mountain, Shanxi

Categories

Brick lintel and frontispiece

64 | Gate from the drawing of ancient china
Wooden gate of folk house in a village, Jiangxi
Wooden gate of folk house in a village, Zhejiang

65 | Brick lintel of the temple in Zhejiang
Brick lintel of folk house in a village, Jiangxi
Brick lintel of folk house in a village, Anhui

67 | Zao-yao-gao-xiang Gate in Wangshi Garden in Suzhou, Jiangsu

68 | Zao-yao-gao-xiang Gate in Wangshi Garden in Suzhou, Jiangsu

69 | Lintel of Zao-yao-gao-xiang Gate
Tablet on the Lintel of Zao-yao-gao-xiang Gate

70 | Arch and flower-graving under the Lintel of Zao-yao-gao-xiang Gate

72 | Flower-graving and hanging decoration under the Lintel of Zao-yao-gao-xiang Gate Figures and scene decoration on the Lintel of Zao-yao-gao-xiang Gate

73 | Arch and decoration in the shape of plant and animal under the roof of the Lintel of Zao-yao-gao-xiang Gate

74 | Zhu-song-cheng-mao Gate in Wangshi Gar-

	den in Suzhou, Jiangsu	94	[upper] Archway-like frontispiece of ancestral temple in Jingde County, Jiangxi [lower] Part of the archway-like frontispiece of ancestral temple in Jingde County, Jiangxi	110	Tablet Pavilion in Pingyao, Shanxi
75	[upper] The Lintel of Zhu-song-cheng-mao Gate [lower] The tablet in the Lintel of Zhu-song-cheng-mao Gate			111	Brick lintel of the gate in Pingyao Courtyard, Shanxi
				112	Lintel and frontispiece of the folk house in Shaowu, Fujian
76	Flower-graving and hanging decoration under the Lintel of Zhu-song-cheng-mao Gate	95	[upper] Part of the archway-like frontispiece of ancestral temple in Jingde County, Jiangxi [lower] Part of the archway-like frontispiece of ancestral temple in Jingde County, Jiangxi	113	Lintel and frontispiece of the folk house in Shaowu, Fujian
77	Festoon column, Queti and Mascot decoration on the Lintel of Zhu-song-cheng-mao Gate				**On-wall Decoration**
79	[upper] Lintel of folk house gate in a village, Wuyuan Jiangxi [lower] Lintel of folk house gate in a village, Yi County, Anhui	96	Fu Letter brick carving Figure and jardinière brick carving Cao-long and bat brick carving	114	Alkali carving decoration under Chi-tou brick-carving(left and right) Chi-tou brick-carving
80	[upper] Lintel of folk house gate in Guanlu village, Yi County, Anhui [lower] Part of the Lintel of folk house gate in Guanlu village	97	Beast veins and Juan-cao brick carving Plant and Wan Letter veins brick carving Brick carving decoration on the Lintel	115	Top decoration of Chi-tou brick-carving Eaves plank of Chi-tou brick-carving
				116	Chi-tou brick-carving decoration Chi-tou brick-carving decoration Chi-tou brick-carving in the hall of mosque in Huajue lane, Xian, Shanxi province
81	[upper] Lintel of folk house gate in Yan village in Wuyuan, Jiangxi [lower] Part of the Lintel of folk house gate in Yan village	98	[upper] Brick lintel of the temple in Ningbo, Zhejiang [lower] Brick lintel of the Putuo nunnery, Zhejiang	117	Chi-tou brick-carving of Chang Garden in Yuci, Shanxi
		99	Lintel of the Putuo nunnery, Zhejiang	118	Chi-tou brick-carving of Wang Courtyard in Lingshi, Shanxi
82	[upper] Part of the Lintel of folk house gate in Yan village, Wuyuan, Jiangxi [lower] Brick carving on the Lintel of folk house gate in Yan village	100	[upper] Lintel of the Putuo nunnery, Zhejiang [lower] Lintel of the Putuo nunnery, Zhejiang	119	Chi-tou brick-carving of Chang Garden in Yuci, Shanxi
83	[upper] Part of the Lintel of folk house gate in a village, Wuyuan, Jiangxi [lower] Brick carving on the Lintel of folk house gate in a village, Wuyuan	101	View of the frontispiece of the folk house gate in Zhuge village in Lanxi, Zhejiang	120	Chi-tou brick-carving of folk house in a village, Jiexiu, Shanxi
		102	View of the frontispiece of the ancestral temple in Zhuge village in Lanxi, Zhejiang	121	Chi-tou brick-carving of folk house gate in a villag, Jiexiu, Shanxi
84	Gate and Ba Letter screen wall of the folk house gate in Guanlu village, Yi County, Anhui	103	View of the archway-like frontispiece in Chunhui hall in Zhuge village in Lanxi, Zhejiang	122	Chi-tou brick-carving of the hall of Chen ancestral temple in Guangzhou, Guangdong
86	Map of the gate of the the folk house gate in Guanlu village, Yi County, Anhui	104	[upper] Lintel of the Chunhui hall gate [lower] Tablet of the lintel of the Chunhui hall gate	123	Chi-tou brick-carving of the hall of Chen ancestral temple in Guangzhou
87	Archway-like frontispiece in Yongkang ancestral temple, Zhejiang Archway-like frontispiece of ancestral temple in Jingde County, Jiangxi	105	[upper] Part of the lintel of the Chunhui hall gate [lower] Fish, crane and Wan Letter decoration on the lintel of the Chunhui hall gate	124	[upper] picture of corridor-wall [lower left] corridor-wall in the hall of mosque in Huajue lane, Xi,an, Shanxi province [lower right] corridor-wall decoration in Wang Courtyard in Lingshi, Shanxi
89	View of the folk house gate in Guanlu village, Yi County, Anhui	106	Part of the frontispiece of the Chunhui hall gate	125	[upper] corridor-wall in Wang Courtyard [lower] part of the corridor-wall in Wang Courtyard
90	View of the study hall in the folk house in Guanlu village, Yi County, Anhui	107	[upper] Cao-long, fish and Wan Letter decoration on the lintel of the Chunhui hall gate [lower] Queti decoration on the lintel of the ancestral temple gate in Zhuge village	126	Brick carving on the corridor-wall in the hall of mosque in Huajue lane, Xi, an, Shanxi province
91	View of the folk house gate in Guanlu village, Yi County, Anhui				
92	View of the folk house gate in Yan village, Wuyuan, Jiangxi	108	Gate of the mosque in Huajue lane in Xian, Shanxi	127	Brick carving on the corridor-wall in the hall of mosque in Pin, an village, Qinghai
93	View of the folk house gate in Yan village, Wuyuan, Jiangxi	109	[upper] Brick-carving lintel in Shanxi [lower] Part of the lintel of the Tablet Pavilion in Pingyao, Shanxi	128	Brick flower-window on the wall of village folk house in Zhejiang

307

	Brick flower-window on the wall of temple in Zhejiang	[lower] Close look at the baluster-wall in Shanxi folk house
129	Flower-window on the temple wall, Shanghai	
130	On-wall window in the hall of temples in Zhejiang and Shanghai	145 [upper] baluster-wall of Yuci folk house, Shanxi [middle] baluster-wall of Lingshi folk house, Shanxi [lower] baluster-wall of Chang Garden in Yuci, Shanxi
131	On-wall window in the hall of temples in Zhejiang and Shanghai	
132	[upper][lower]Brick flower-window on the wall of Tian-yi-ge in Ningbo, Zhejiang	146 Pie-shan screen-wall in Forbidden City, Beijing Colored glaze screen-wall in Forbidden City
133	[upper] Flower-window on the temple wall, Shanghai [lower] picture of the flower-window on the village temple wall in Dongguan, Guangdong	147 Brick screen-wall in Jingyi Garden in Fragrant Hill, Beijing Brick carving decoration on the screen-wall in Jingyi Garden
134	On-wall vent-hole on the wall of the Forbidden City in Beijing	148 One-to-two screen-wall Ba Letter screen-wall
135	On-wall vent-hole on the wall of the Forbidden City in Beijing	149 screen-wall in quadrangle of Beijing Screen-wall in folk house of Bai nationality in Dali, Yunnan
136	On-wall brick-carving of the hall of Chen ancestral temple in Guangzhou, Guangdong On-wall brick-carving of the hall of Chen ancestral temple in Guangzhou, Guangdong	150 Screen-wall in folk house in north China Indoor screen-wall in big folk house in north China
137	[upper] Gate of Wang Courtyard in Lingshi, Shanxi [lower] On-wall brick-carving on two side of the gate of Wang Courtyard	151 [upper] Screen-wall in folk house of Bai nationality in Dali, Yunnan [lower] Screen-wall decoration in front of the temple, Shanghai
138	[upper] On-wall brick-carving of the west side-wall of Chen ancestral temple in Guangzhou, Guangdong [lower] Part of the on-wall brick-carving on the east side-wall of Chen ancestral temple	152 [upper] Shanghai Songjiang Screen-wall [lower] Brick carving in the middle of Shanghai Songjiang Screen-wall
139	[upper] Shui-hu brick carving on the west side-wall of Chen ancestral temple [lower] Dog-taming brick carving on the west side-wall of Chen ancestral temple	153 [upper] Screen-wall of Chang Garden in Yuci, Shanxi [lower] Screen-wall of Qiao Courtyard in Qi County, Shanxi
140	[upper] On-wall brick-carving of the east and west side-wall of Chen ancestral temple in Guangzhou	154 [upper] Screen-wall of Qi County, Shanxi [lower] part of the Screen-wall of Qi County
141	Part of the on-wall brick-carving of the east and west side-wall of Chen ancestral temple in Guangzhou	155 [upper] Screen-wall of Wang Courtyard in Lingshi, Shanxi [lower] Wufu decoration in the middle of the Screen-wall
142	Close look at the baluster-wall of Qiao Courtyard in Qi County, Shanxi	156 Screen-wall of Qiao Courtyard in Qi County, Shanxi
143	[upper] Baluster-wall of Qiao Courtyard in Qi County, Shanxi [lower] Close look at the baluster-wall of Qiao Courtyard	157 Carving decoration on the Screen-wall of Qiao Courtyard in Qi County, Shanxi
144	[upper] baluster-wall of Qiao Courtyard [middle] baluster-wall of Qiao Courtyard	158 [upper] Screen-wall of Wang Courtyard in Lingshi, Shanxi [lower] Central brick carving on the Screen-wall of Wang Courtyard
		159 [upper][lower] Brick carving on the screen-wall of Chang Garden in Yuci, Shanxi

160	[left up] Screen-wall of Wang Courtyard in Lingshi, Shanxi [left middle] Scenic brick carving on the screen-wall [left down] Lion-plying-ball brick carving on the screen-wall [right up] Crane brick carving on the screen-wall [right middle] Kylin brick carving on the screen-wall [right down] Pine, deer and crane brick carving on the screen-wall
161	Screen-wall of Linxia, Gansu
162	Picture of the screen-wall in Phoenix Hall in Liukeng village, Le, an, Jiangxi province
163	Picture of the screen-wall in Guan-yu Temple in west Wenxing village, Qingshui, Shanxi province
164	Picture of the screen-wall in Guo-yu village folk house, Yangcheng, Shanxi province
165	[upper, middle and lower] Brick and stone wall in Mu Garden in Qixia, Shandong
166	[upper] storied building in Mu Garden in Qixia, Shangdong [lower] brick and stone combination in Mu Garden
167	brick and stone combination on the wall of Yang-a-miao residence in Quanzhou, Fujian

Brick Tower

169	Part of the Qianxun tower (Tang Dynasty) in Dali, Yunnan
170	Part of the brick tower in Linji Temple in Zhengding, Hebei
171	Part of the tower in Tianning Temple in Zhengding, Hebei Part of the Sugong tower in Turpan, Sinkiang
172	Distance of the three towers in Chongsheng temple in Da-li, Yunnan Face of the Qianxun Tower in Chongsheng temple Qianxun Tower in Chongsheng temple Small tower in Chongsheng temple
173	Part of Qianxun Tower in Chongsheng temple Part of the small tower in Chongsheng temple
174	Chengling tower in Linji temple in Zhengding, Hebei
175	Basement of Chengling tower in Linji temple

176	Baluster and lotus-petal decoration on Chengling tower Brick-carved door on the basement of Chengling tower Brick-carved window on the basement of Chengling tower	
177	Close look at the dense eaves of Chengling tower	
178	[upper] Tower in Tianning temple, Zhengding, Hebei province [lower left] door decoration on the tower in Tianning temple [lower right] body of the tower in Tianning temple	
179	[upper] Tower in Tianning temple, Beijing [lower left] body of the tower in Tianning temple [lower right] dense eaves of the tower in Tianning temple	
180	Tower in Xiuding temple in Anyang, Henan Brick carving decoration on Xiuding temple	
181	Sugong tower and mosque in Turpan, Sinkiang	

Stone Piers

182	[upper] picture [lower left] basement piers [lower right] drum piers
183	[left][right] lion piers
184	[upper left and right] seating stone piers [lower left and right] drum piers
185	Stone piers at the front gate of Mu Garden in Qixia, Shandong Stone piers at the second gate of Mu Garden Stone piers at the inner-yard gate of Mu Garden
186	[upper] picture of the front gate of Mu Garden in Qixia, Shandong [lower] the front gate of Mu Garden
187	[upper left 1 and 2] Stone piers at the front gate of Mu Garden [upper right 1 and 2] part of the stone piers at the front gate of Mu Garden [lower] face and flank of the stone piers at the front gate of Mu Garden
188	[right up and down] basement of the stone piers at the front gate of Mu Garden [left up and down] part of the drum stone piers at the front gate of Mu Garden
189	[upper left and right] Stone piers at the second gate of Mu Garden [lower left and right] stone carving on the stone piers at the second gate of Mu Garden
191	Stone piers at the front gate of Beijing quadrangle
193	Drum piers at the front gate of Beijing quadrangle
194	Stone piers at the front gate of Shanxi residence
195	Stone piers at the front gate of Shanxi residence
196	[upper] Front gate of Wang Courtyard in Ling County, Shanxi [lower] Stone piers at the temple gate of Wutai Mountain, Shanxi
197	[upper] Drum piers at the front gate of Xi, an mosque in Shanxi [lower] Stone piers at the gate of Shanxi residence
198	[upper] face and flank of the stone piers at the front gate of ancestral temple in a village, Dongguan, Guangdong [lower] face and flank of the stone piers at the front gate of ancestral temple in a village Wuyi, Zhejiang
199	[upper] face and flank of the stone piers at the gate of folk house in a village, Qingshui, Shanxi [middle and lower right] drum piers from different areas [lower] stone piers at the front gate of ancestral temple in a village, Dongguan

Basement, Baluster and Sidestep

200	Picture of the Buddha pedestal in Yungang grotto, Datong, Shanxi province
201	[upper] gradation picture [lower] Xu-mi basement in Qing style
202	[upper] picture of the basement of bronze pavilion in Wu-fang-ge, Summer Palace, Beijing [lower left] three basements of the three palaces in Forbidden City, Beijing [lower middle] basement of the sundial in Forbidden City [lower right] basement of bronze pavilion in Wu-fang-ge
203	Craving decoration on Xu-mi basement in Qing style
204	[upper left] kettle-like door on Xu-mi basement [upper right] basement of the Buddha tower in Zhengjue temple, Beijing [lower middle] [lower right]
205	[upper] three basements of the three palaces in Forbidden City, Beijing [lower left] close look at the three basements of the three palaces in Forbidden City, Beijing [lower right] stone carving decoration on the Xu-mi basement inside the palace in the Summer Palace, Beijing
206	[upper] he Xu-mi basement inside the palace in the Summer Palace, Beijing [lower left] basement of the sundial in Forbidden City, Beijing [lower right] stone basement of the Forbidden City
207	[upper] Jia-liang stone in the Forbidden City [lower] Sundial stone in the Forbidden City
208	Basement of the diamond pagoda in Xihuang Temple, Beijing
209	[upper] stone carving on the basement of the diamond pagoda in Xihuang temple [lower] thinner part of the basement of the diamond pagoda in Xihuang temple
211	*Ying Zao Fa Shi* Gou-lan picture
212	[upper left] stone baluster, Qing dynasty [upper right] wood-imitated stone baluster, Qing dynasty [lower left] solid parapet of the stone baluster [lower right] stone baluster
213	[up down] dragon head on the palace baluster in Forbidden City, Beijing Phoenix head on the palace baluster in Forbidden City, Beijing Lotus-petal head on the palace baluster in Forbidden City stone baluster in Dingdong tomb, East Tomb, Qing dynasty
214	[upper] baluster on the basement of Huangji palace in Forbidden City, Beijing [lower] close look at the baluster on the basement of Huangji palace
215	[upper] baluster on the basement of Qin'an palace in Forbidden City [middle] baluster on the basement of palace in the Summer Palace, Beijing [lower] baluster on the basement of Wanchun pavillion in Forbidden City
216	[left] head of stone baluster in Guangji temple, Jinzhou, Liaoning province(1)(2)(3)(4) [right up] stone baluster in Guangji temple [right down] parapet on the stone baluster in

217	baluster on the basement of the Imperial Palace in Shenyang, Liaoning parapet on the stone baluster on the basement of Qin'an palace in Forbidden City		Palace, Beijing [right] royal road to the sidestep of the Praying Palace for Good Harvest in Temple of Heaven, Beijing	241	[upper] stone column plinth in round drum with dais style [middle] stone column plinth in dais style [lower] stone column plinth in round drum with cover style

217 baluster on the basement of the Imperial Palace in Shenyang, Liaoning
     parapet on the stone baluster on the basement of Qin'an palace in Forbidden City

218 [upper][middle][lower] stone baluster of imperial tomb (Qing dynasty) in Shenyang, Liaoning

219 [upper] stone baluster of the hall in Chen ancestral temple, Guangzhou, Guangdong province
     [lower] platform stone baluster in Chen ancestral temple

220 [upper][lower] stone baluster of the ancestral temple of Luo Family, Chengkan, Anhui

221 [upper][middle] stone baluster of the ancestral temple of Luo Family, Chengkan, Anhui
     [lower] stone baluster of Chang Garden in Yuci, Shanxi

222 Dragon and phoenix head carving on the baluster in the palace of the Forbidden City

223 The stone lion on the baluster head in the Royal Garden in Forbidden City

224 [upper] stone baluster on the Seventeen Aperture Bridge in the Summer Palace, Beijing
     [lower] stone lion head on the stone baluster on the Seventeen Aperture Bridge in the Summer Palace, Beijing

225 [upper left] lotus petal head on the stone baluster on the Seventeen Aperture Bridge in the Summer Palace
     [upper right] stone baluster on the Seventeen Aperture Bridge in the Summer Palace
     [middle][lower] stone lion head on the stone baluster on the Seventeen Aperture Bridge in the Summer Palace, head carving on the baluster in the palace of the Forbidden City, head carving on the baluster in the palace of the Forbidden City, Beijing

226 head of the stone baluster in the palace of the Forbidden City, Beijing
     [left up] Clouds veins
     [left middle] flower veins
     [left down] bamboo veins
     [right up] lotus petal veins
     [right middle] Ruyi veins
     [right down] lotus petal veins

227 [upper] hornless dragon head on the three palace daises in the Forbidden City
     [lower] hornless dragon head on the three palace daises

228 [left] sidestep of the palace in the Summer Palace, Beijing
     [right] royal road to the sidestep of the Praying Palace for Good Harvest in Temple of Heaven, Beijing

229 [upper] decoration on the sidesteps of the palace in the Forbidden City
     [lower left] carving dragon on the festoon of the stone sidesteps
     [lower right] round drum and lion on the festoon of the stone sidesteps

230 [upper] red sidesteps of Mu Tomb in Qing-xi tomb in Hebei
     [lower] red sidesteps of Concubine Qing Tomb in Qing-dong tomb in Hebei

231 [right] red sidesteps of Cixi Tomb in Qing-dong tomb in Hebei

232 [upper] royal road to the sidestep of the three palaces in the Forbidden City, Beijing
     [lower] carving decoration on the sidestep of the palace in Qing-huang Tomb in Shenyang, Liaoning province

233 [upper][lower] carving decoration on the sidestep of the palace in the Forbidden City

234 [upper] decoration on the festoon of the sidesteps of Chen ancestral temple in Guangzhou, Guangdong
     [lower] decoration on the festoon of the sidesteps of folk house in Shanxi

235 [upper] dragon and phoenix carving on the drum piers on the sidestep in Qing-dong tomb in Zunhua, Hebei
     [lower] Kylin and flower arving on the drum piers on the sidestep in Kunming Temple, Yunnan

Stone Column Plinth

237 [upper] stone column plinth of Sima Jin-long Tomb, Beiwei dynasty, in Datong, Shanxi province
     [lower left] column plinth in tiger's shape in Han Tombs
     [lower right] stone column plinth of the tablet of the Liang Xiao-jing Tomb in Nanjing

238 Picture of the stone column plinth

239 [upper] peony and peanut stone column plinth
     [left] flooring lotus stone column plinth
     [middle] backstroking lotus stone column plinth
     [right] in-throne lotus stone column plinth

240 [upper] Su-fu-pen style stone column plinth
     [lower] stone column plinth in round drum style

241 [upper] stone column plinth in round drum with dais style
     [middle] stone column plinth in dais style
     [lower] stone column plinth in round drum with cover style

242 stone column plinth of Chen ancestral temple in Guangzhou, Guangdong

243 stone column plinth in Xu-mi dais
     stone column plinth in polygon
     [upper][lower] stone column plinth in Ruyi veins

246 Ichnography of the stone column plinth in the hall of Anzhen fortress in Yong'an, Fujian

247 stone column plinth from No.1 to 6 in the hall of Anzhen fortress

248 [upper] Ichnography of the stone column plinth in the hall of Anzhen fortress
     [lower] thinner part of the stone column plinth in the hall of Anzhen fortress

249 stone column plinth from No.1 to 4 in the hall of Anzhen fortress

250 Ichnography of the stone column plinth of the folk house in west Wenxing village in Qingshui, Shanxi province

251 Ichnography of the stone column plinth of Guan-di Temple in west Wenxing village
     [upper][middle] stone column plinth of Guandi Temple in west Wenxing village
     [lower] stone column plinth of west Wenxing village

252 [upper] Ichnography of the stone column plinth of ancestral hall in a village, Dongguan in Guangzhou
     [lower] stone column plinth of Chen ancestral hall in Guangzhou, Guangdong

253 [upper][lower] stone column plinth in round drum and Xu-mi dais style in the folk house in Shanxi
     [middle] stone column plinth in Xu-mi dais in the folk house in Shanxi

254 stone column plinth in the folk house in Shanxi

255 stone column plinth in round drum style

256 stone column plinth in round drum , Xu-mi dais and baluster style
     stone column plinth in round drum and Ji-zuo style

257 stone column plinth on lion dais

258	[upper] stone column plinth on elephant dais [lower] stone column plinth on round dais
259	[upper] stone column plinth in octagon [lower] stone column plinth on round dais

Stele

261	Picture of the stele
262	[upper] crouching dragon head on the stele [lower] stele head with dragon in the front
263	[upper][middle] stele head in the shape of scepter [lower] carving dragon on the stele head in the temple of Wutai Mountain in Shanxi
264	[upper] heaven on the stele head [middle] stele forest in Jesuitic yard in Beijing [lower left] stele in Jesuitic yard [lower right] stele head in Jesuitic yard
265	[upper] Zao-xiang stele [middle] stele head in Liuhe tower in Chengde, Hebei [lower left] side decoration on Qing stele [lower right] side decoration on Tang stele
266	[upper] stele seat in turtle-liked shape [lower] square stele seat
267	[upper][lower] stone stele forest in Da-zheng-jue Temple in Beijing
268	stone stele in Da-zheng-jue Temple in Beijing
269	Stone stele in the tower of Ming Tombs in Beijing
270	[left up] Stone stele in the tower of Ming Tombs in Beijing [left middle] stele seat of the tower [left down] stele tower [right up] stone stele on the Ming tower in Fangcheng inside Chang Tomb
271	Stele head in the shape of crouching dragon on Qing stele in Beijing
272	[up two] Stele head in the shape of crouching dragon on Qing stele in Beijing [down two] square seat and dragon vein carving on Qing stele
273	Steles in Liuhe Tower in Chengde, Hebei province [up down] Stele head of the Liuhe Tower Side of the stele seat Dragon vein carving on the stele Front of the stele seat

Stone Tower

274	Jin-gang Seat Tower in Da-zheng-jue Temple in Beijing
275	[upper] side elevation of Jin-gang Seat Tower in Da-zheng-jue Temple in Beijing [lower left] Jin-gang Seat Tower [lower right] body of the Jin-gang Sear Tower
276	[upper left] Brim tower on the Jin-gang Seat Tower in Da-zheng-jue Temple [right] seat and the body of the brim tower [lower] carving of the musical instruments used in a Buddhist mass on the seat of the Jin-gang Seat Tower
277	Brim tower on the Jin-gang Seat Tower in Bi-yun Temple, Beijing
278	Stone brim tower on the Jin-gang Seat Tower in Biyun Temple
279	[upper] Jin-gang Seat Tower in Biyun Temple, Beijing [middle] close look at the Jin-gang Seat Tower [lower] seat of the Jin-gang Seat Tower
280	[upper] part of the Jin-gang Seat Tower in Bi-yun Temple [lower] carving on the seat of the brim tower on the Jin-gang Seat Tower
281	Buddha on the Lama tower on the Jin-gang Seat Tower in Biyun Temple
282	Dagoba on the Jin-gang Seat in Huhhot, Inner Mongolia
283	[upper] Dagoba on the Jin-gang Seat in Huhhot, Inner Mongolia [lower] part of the dagoba on the Jin-gang Seat
284	Side carving on the door of the dagoba on the Jin-gang Seat
285	Side carving on the door of the dagoba on the Jin-gang Seat
286	[upper][lower] carving decoration on the dagoba on the Jin-gang Seat
287	[upper] Xu-mi Seat and the 1st floor tower body of the dagoba on the Jin-gang Seat in Huhhot, Inner Mongolia [lower] diamond sutra on the 1st floor of the tower body
288	Qing-jing-hua-cheng Tower in Xihuang Temple, Beijing
289	Front panorama of the Qing-jing-hua-cheng Tower in Xihuang Temple
290	Lama Tower in front of the Qing-jing-hua-cheng Tower in Xihuang Temple
291	Side panorama of the Qing-jing-hua-cheng Tower in Xihuang Temple
292	Carving on the seat of the Lama Tower in front of the Qing-jing-hua-cheng Tower in Xihuang Temple
293	Carving on the seat of the Lama Tower in front of the Qing-jing-hua-cheng Tower in Xihuang Temple
294	Man-bu stone carving on the seat of the Lama Tower in front of the Qing-jing-hua-cheng Tower in Xihuang Temple
295	[upper] Xu-mi Seat in the Lama Tower in front of the Qing-jing-hua-cheng Tower [lower] stone carving decoration under the waist of the Xu-mi Seat

Decorated Archway

296	Stone decorated archway in Qing-xi Tomb in Yi County, Hebei province
297	[upper] entrance stele of Qing-xi Tomb [lower] dragon and Kylin carving on the baluster stone of the decorated archway in Tai Tomb
298	Entrance gate of Longquan Temple in Wutai Mountain, Shanxi
299	[upper] Panorama of the stone decorated archway of Longquan Temple [lower] central part of the stone decorated archway
300	[upper] brim under the central roof of the decorated archway in Longquan Temple [lower] stone carving on the stone decorated archway
301	Stone carving on the girder, festoon, plank and pillar of the stone decorated archway in Longquan Temple

后记

中国建筑工业出版社是国内出版建筑与土木工程专业图书的大社。仅就我熟悉的中国古代建筑方面的图书而言，他们先后组织编著和出版过《中国美术全集·建筑艺术编》、《中国建筑艺术全集》、《中国古建筑大系》、《中国古代建筑史》以及《普陀山》、《颐和园》、《苏州古典园林》等一大批重要的专著，深受国内外读者的欢迎与好评。去年该社又出版了一部《中国古代门窗》，这部专著不仅内容好，而且版式设计、装帧及印刷都很精美，因而获得第六届国家图书奖。出版社以此为契机，计划于数年内组织编写一套有关中国古建筑各部件、各种装饰的专题系列丛书。这当然是一件十分有意义的工作，它能够更系统、更深入地向世人展示我中华民族的优秀建筑文化，同时也能促进这方面的学术研究。

几年前，出版社曾经出版过我写的《中国传统建筑装饰》，也许正是这个缘故，他们约我写一本有关中国古建筑砖石装饰的专著，也作为上述系列之一。我过去收集过一些这方面的资料，这些年和陈志华、李秋香二位老师一起集中精力从事于中国农村古代乡土建筑的调查，虽然只跑了十余个省市，已经使我认识到中国传统建筑文化的确太丰富了。只要你离开城市，走出熟悉的宫殿、坛庙、园林，深入到农村去看一看，就可以发现许许多多在城市里看不到的建筑形态，从建筑的山水环境，建筑个体形象到建筑局部和建筑装饰都会使你眼前为之一亮，这其中也包括建筑上的砖石装饰，从它们的形式、内容到技艺都十分的丰富多彩。所以，尽管目前的资料还不够多样，对它们的研究也欠深入，但作为一个长期研究古代建筑的教师，理应向世人展示这些珍贵的传统艺术，因此我才大胆地应承了这项任务。

建筑是一种形象性很强的艺术，要使大众通过一部书籍认识建筑，必须图文并茂，所以除文字外，精美的制图与照片必然成为书中的重要部分。在这里要感谢建筑工业出版社的编辑，也是这本书的责任编辑张振光先生,他是一位十分专业的摄影师,摄影风格十分准确而严谨,在编著过程中,他不仅将自己长期以来拍摄的有关砖石装饰的照片全部贡献出来,而且还专门到广东、山西等地精心拍摄资料,使本书得到一批精美的照片。北京大学人民医院的工程师王克家先生是一位热衷于民族建筑文化的人,他完全利用业余的时间,每逢假日就和他的妻子王秋红女士一起串街走巷,专门到那些即将被拆除的胡同和四合院拍摄这些老宅院、老门头、老门墩。最近他们又自己驱车到山西的平遥古城和几座大院拍摄相关的资料,几年下来,一共积累了数千张照片,这是一份珍贵的历史档案,它真实地记录了北京古老的历史。本书特别选用了其中的一些北京和山西的门墩资料,这些门墩虽然多有破损,整体不那样完整无缺了,石上的雕刻也不那么清晰了,但多已经有几十上百年的历史,它们日夜守在老宅的门口,面对胡同,经历过无数风风雨雨,它们所具有的历史和艺术价值是任何其他门枕石所无法比拟的。在本书编著过程中,曾就佛塔上佛像等雕刻内容,请教中国佛教研究所李家振先生,李先生会同其他专家及时给予了详尽的解答,在此一并感谢。

　　本书文字六万,图片600余幅,但仍远不能反映中国古建筑砖石装饰的全貌,无论从有砖石材料的建筑部位,或者砖石装饰本身的类别来看,都有不少内容没有能包容进来。同时在对这些装饰的论述上也必然有不足之处,凡此种种都希望能得到专家学者和广大读者的谅解与指正。

作者 2004 年 3 月于清华园

POSTSCRIPT

China Architecture & Building Press is a leading publisher in professional monographs on architecture and civil engineering. As far as I know about the Chinese ancient architecture, they have edited and published plenty of welcomed monographs, including Chinese Art Corpus: On Architectural Art, Chinese Architectural Art Corpus, Series of Chinese Ancient Architecture, History of Chinese Ancient Architecture, Putuo Mountain, the Summer Palace and Chinese Classical Gardens etc. Chinese Ancient Doors and Windows, published last year, is rewarded the 6th National Outstanding Book Prize for its refined content and elegant design and printing. Inspired by the honor, the publisher decides to edit a series of monographs in Chinese ancient architecture in coming years, which is of great significance since it will make a systematic and profound exhibition of Chinese architectural culture. Meanwhile, this program will promote the academic research in this field as well.

My works Chinese Traditional Architectural Decoration has been published by China Architecture & Building Press, on the condition of which I am invited to write another monograph on brick and stone decoration in ancient architecture as one of the series mentioned above. I worked on this subject several years ago and recently I together with Chen Zhihua and Li Qiuxiang devote do research in ancient village architecture in Chinese villages and towns. Although only a dozen of provinces and cities have been studied, we have realized anyway the comprehension and opulence of traditional architecture. When we walk out of the urban city, the familiar palaces, temples and gardens, down into the village, we will be impressed by the unique constructions as well as the scenic surroundings. Both the architectural items and the decoration including the brick and stone decoration will be eye-stunning for their pattern, content and techniques as well. I take the responsibility to complete the monograph as a scholar in ancient architecture, although the material we have collected now is not abundant enough and the research can be carried out deeper. The reason why I do this is that I want to take the opportunity to exhibit the precious artworks to the public.

The art of architecture can't be fully expressed without pictures. I'd like to make acknowledgement to Mr. Zhang Zhenguang, the editor of China Architecture & Building Press, who is a well-known photographer for his porcelain and precise shooting style. He provides me with all pictures concerning brick and stone decoration in a pretty long time accumulation and he even bothers himself traveling to Guangdong and Shanxi for resperesential photographs. Besides, I want to thank Mr. Wang Kejia and his wife Mrs. Wang Qiuhong, both of whom make special trips down to the amort Hutongs and quadrangles in their spare time for the old residence, ancient lintels and stone piers. They drive to Pingyao and other traditional courtyards in Shanxi province recently. Till now, they have cumulated thousand of pictures which is really a treasury of the history of Beijing city. I quote some of the piers from Beijing and Shangxi, though many of them destroyed or ruined to some extent, which are the guards and witness of the house, the family as well as the history of hundreds of years. Nothing can be compared with their artistic value and historical connotation. Meanwhile, I want to make acknowledgement to Mr. Li Jiazhen, the expert in Chinese Institution of Buddhism, who has bestowed lots of help on the carving on the Buddha tower introduced in my monograph.

This monograph covers a length of over 60,000 words with more than 600 pictures included. However, it can't make an inclusive integration of the panorama of Chinese ancient brick and stone decoration such as the special par made of brick and stone or the category of the brick and stone decoration. Furthermore, the treatise on the decoration might be half-baked and thus all advice and comments from both the experts and the readers are warmly welcomed.

Author in Tsinghua Garden
March in 2004

图书在版编目（CIP）数据

中国古建筑砖石艺术 / 楼庆西著；－北京：
中国建筑工业出版社，2005
ISBN 7-112-07135-6

Ⅰ.中... Ⅱ.楼... Ⅲ.古建筑－砖石结构－建筑装饰－中国
Ⅳ. TU238

中国版本图书馆CIP数据核字（2005）第021946号

责任编辑：张振光　王雁宾
摄　　影：楼庆西　张振光　王克家
装帧设计：朱　锷　周镇岚
英文翻译：邻　毅

中国古建筑砖石艺术
楼庆西　著
*
中国建筑工业出版社 出版、发行（北京西郊百万庄）
新　华　书　店　经　销
北京方舟正佳图文设计有限公司设计制版
北京华联印刷有限公司印刷
*
开本：787×1092毫米　1/8　印张：40　字数：600千字
2005年6月第一版　2005年6月第一次印刷
印数：1—2500册　定价：480.00元
ISBN 7-112-07135-6
TU・6365(13089)

版权所有　翻印必究
如有印装质量问题，可寄本社退换
（邮政编码100037）
本社网址：http://www.china-abp.com.cn
网上书店：http://www.china-building.com.cn